U0302603

区域社会-生态系统转型研究

杨德伟　著

科学出版社
北京

内 容 简 介

本书运用前沿研究范式和交叉学科研究方法，全方位跟踪社会生态系统从资源端到生产端、消费端的代谢路径，预测分析中国典型城市、区域和产业的演化特征，深入阐述城市代谢转型、社会消费转型、产业升级转型、循环经济转型和治理模式转型，并指明未来的研究和转型趋势。

本书可供地理学、气候经济学、能源经济学、生态经济学、城乡规划等领域的研究人员和决策者阅读。

图书在版编目 (CIP) 数据

区域社会–生态系统转型研究 / 杨德伟著. -- 北京 : 科学出版社, 2024. 6. -- ISBN 978-7-03-078695-1

Ⅰ. X321.2

中国国家版本馆 CIP 数据核字第 2024ZN0080 号

责任编辑：郭允允 / 责任校对：郝甜甜
责任印制：徐晓晨 / 封面设计：图阅社

科 学 出 版 社 出版
北京东黄城根北街 16 号
邮政编码：100717
http://www.sciencep.com
北京建宏印刷有限公司印刷
科学出版社发行　各地新华书店经销
*
2024 年 6 月第 一 版　开本：720×1000 1/16
2024 年 6 月第一次印刷　印张：12 3/4
字数：250 000
定价：128.00 元
（如有印装质量问题，我社负责调换）

序　　言

人类的生存与进步，始终紧密依赖于自然生态系统的持续供养。长期以来，人类对自然进行的大规模、高强度的开发、掠夺及破坏，不仅造成了人类与自然之间既共生又对立的复杂关系，又形成了全球最庞杂的人地系统。当前，资源短缺、生态破坏、环境污染、气候变暖、灾害频发等生态环境问题依然突出，对人类造成的威胁和挑战日益严峻，迫使人类必须重新审视自身的活动和行为，重新思考认识、利用和保护自然的合理方式，进而重建人类与自然和谐共生的模式。为此，全球研究者不约而同地开展了持续且广泛的研究，发展了社会–经济–自然复合生态系统理论、人地关系地域系统理论、社会–生态系统理论、全程耦合理论、可持续发展理论等，形成了系统的科学认知体系。这些研究旨在基于系统性思维，探寻兼具动态性和适应性的科学理论和方法，以此推动全球发展进程。

科学发展经历了由定性到定量、由线性到非线性、由孤立到系统的认知演变过程。人类与自然耦合系统包含了从地方到全球尺度的多样化人类活动与自然生态过程，呈现了千变万化的空间交互作用，带来了错综复杂的跨时空影响。因此，探索社会系统与自然系统协调的模式，是当代研究和实践努力的核心目标。

尽管科学技术持续进步，但面对充满动态性、非线性、不确定性的人地关系地域系统，我们依然困惑重重。如何做出精确、定量、及时的评估，更是极具挑战的工作。作为一个国土广袤、资源丰富、经济繁荣的大国，我国在探索人类与自然相协调的区域发展模式及制定可持续发展的策略方面已达成行动共识。有理由相信，我国在迈向社会主义现代化强国的征途中，实现美丽中国的愿景将成为现实。不过，宏伟目标的实现，既离不开国家战略的宏观引领，也离不开研究者的科学治理方案和不同层级的共同行动。

杨德伟博士的《区域社会–生态系统转型研究》一书是在广泛吸收国内外学者关于社会–生态系统理论研究的基础上，结合自身对不同城市区域的研究成果撰写而成的。该书以国内外该领域众多前沿研究成果为引领，系统介绍、归纳和点评了以社会与生态关系研究为主题的多学派理论和观点，并从社会–

生态系统的代谢过程、转型模式、理论范式等新的视角，选择城市代谢、节能减碳、循环经济、水足迹、权衡管理等热点领域，对特定区域特别是城市生态系统进行了深入的定量分析，为相关区域治理提供了有益的参考。通过阅读该书，读者能领悟到社会–生态系统理论、全程耦合理论、人地关系地域系统理论、可持续发展理论等现代科学理论的精粹，了解到社会经济快速发展过程中我国沿海城市复合系统的演变及其面临的挑战。因此，这是一本理论联系实际、集成综合分析模型方法、聚焦区域社会–生态系统快速转型的专著，值得郑重推荐。

当然，我们应该承认，面对人类与自然系统相互作用的复杂性、不确定性、非线性等挑战，目前的研究认知与实践需求之间还有很大的差距。该书仅对特定发展时期的典型案例进行了初步探讨，然而，面对时代的挑战，尚有很多新兴问题值得学者们共同努力，继续探索。我们始终期待着人地关系领域创新成果的涌现，殷切期盼着青年科学家们的成长。

陈国阶

中共四川省委、四川省人民政府决策咨询委员会资深委员

成都，华西坝，中国科学院成都分院

2023 年 7 月

前　言

随着第三次工业革命如火如荼地进行，我国抓住全球产业转移的难得机遇，以信息技术为驱动力，迈入了现代工业化的新阶段。工业经济的发展，驱动了人类历史上最大规模的城市化进程。作为“世界工厂”，我国给全球提供了多样化的产品和服务，但这一过程中也引发了复杂多样的社会生态挑战。首先可以明确的是，社会经济的高度繁荣与环境系统的迅速恶化形成了巨大的反差。人类无节制的需求和经济的高速发展导致资源的过度消耗，破坏了生态环境。显然，管理者早就意识到了这些问题，并不断地在经济发展与环境保护之间权衡，同时，公众环境意识的觉醒和行动也推动了环境决策的不断优化。值得铭记的是，人类社会文明演进的更高级形态——“生态文明”被写入中国宪法，以绿色、低碳、循环经济为导向的行动拉开序幕。

尽管社会生态转型的目标已经很清晰，但范式、路径和手段依然模糊。地理学、环境科学、生态学、管理学等众多学科的发展，忽视了系统性、全程化、级联性、自适应的演化特征。在这种情况下，可持续发展转型的迫切需求驱使不同背景的研究者紧密联合起来，打破学科壁垒，总结和突破范式，探索创新手段，推动科学技术与规划决策的深度衔接。当然，这种可喜的蜕变，是全球化和区域一体化的结晶。

区域社会–生态系统的转型不仅需要研究范式的创新，更需要多种方法的集成。为此，在本书中，我们尝试使用典型的研究案例来解构城市区域社会–生态系统，总结可行的研究范式，并提炼城市区域转型模式。首先，从全球工业化、城市化和气候变化的宏大背景中，刻画了中国社会–生态系统的演进曲线，揭示了转型契机下社会生态理论与实践连接的桥梁。其次，总结了社会–生态系统的研究范式，希望有助于找到社会–生态系统转型的关键。还在常见的一百多个理论和方法中，筛选了典型的社会–生态系统研究理论方法。这些范式和方法不仅跨越了传统的学科界限，还为深入研究提供了更多样的选择。接着，基于集成的多学科的前沿理论、范式和方法，全方位阐述了区域社会–生态系统从资源端到生产端、消费端的代谢路径，分析预测了中国典型城市、区域和产业的演化特征，深入探讨了城市代谢转型、社会消费转型、产业升级转型、循环经济转型、治理模式转型等策略。最后，勾勒出社会–生态系统的前沿研究趋势，阐述了在全球气候变化背景下社会生态领域的转型实践，探讨了社会–生态系统转型的未来目标。

本书是在国家自然科学基金项目（42171280、41371535、41001098）、西南大学青年团队专项（SWU-XJPY202307）和水体污染控制与治理科技重大专项（2017ZX07101001）资助下进行的研究。本书由杨德伟撰写而成，集合了杨德伟及其指导的硕士和博士研究生张帅、马维兢、刘斌、刘丹丹、徐凌星等的研究成果。在撰写过程中，张帅、纪翌佳、孟海珊、万敏、周天、郭瑞芳、寇敬雯和葛新萌参与了资料收集和整理。特别感谢科学出版社在本书出版过程中给予的大力支持。

我们希望通过有限的知识，推动认知跃迁。这一切，都依赖于思维的高度、科学的探索和技术的突破。本书仅是浩瀚学术书卷中的一个逗号，但我们衷心希望能从某个侧面启发读者的好奇心和求知欲，继续探索前行写下一个感叹号。

作者学术实践水平有限，难免有疏漏之处，望学界同仁不吝批评指正。

重庆，嘉陵江畔

2023 年 3 月 16 日

目　录

第1章

社会－生态系统转型的全球化背景

社会经济系统与生态系统的相互作用关乎人类福祉和全球可持续发展。工业革命和信息革命推动全球联系日益紧密，导致人类活动的环境足迹超过了以往任何一个历史时期。在此背景下，社会–生态系统在地方–区域–全球尺度上的相互作用异常复杂，对区域乃至全球的可持续发展造成了严峻挑战。本章介绍了社会–生态系统转型的全球化背景，回顾了工业化过程、快速城市化过程和全球气候变化过程，以及由此带来的跨越“星球边界”的风险，阐述了应对全球环境变化的努力和中国社会–生态系统的转型实践。

1.1 引　　言

在全球化背景下，社会经济与生态环境要素处在紧密关联与共同演化过程中，形成了复杂的社会–生态系统（social-ecological system）。社会–生态系统，通常也称为“人地系统”或“耦合人类自然系统”或“社会–经济–自然复合系统”等，是指人类与环境相互作用形成的具有复杂性、非线性、不确定性和多层嵌套等特性的耦合系统。在激烈的经济技术竞争背景下，面对资源消耗过度、环境污染加剧、生态退化加速、气候变暖等全球性挑战，全球正在加速探索社会–生态系统发展的可持续转型路径。这需要从高能耗、高污染、低水平的发展模式向绿色低碳、循环再生、高效持续的发展模式转型，最终实现生产、生活、生态领域的高质量发展。

1.2 全球化进程

全球化是当代的主题与世界发展的趋势。这种趋势体现为环境与经济在全球和区域尺度上的相互联系不断增强。过去半个多世纪以来，跨境资源流动、国际经济贸易和技术转让等全球活动的强度更大、频率更高、速度更快（Liu et al.，2007）。与之相伴的是，经济环境要素的流动性不断增强。在此背景下，全球体系的空间结构开始建立在“流”、连接、网络和节点的逻辑基础之上，“地点空间”逐渐被“流空间”所代替。

全球流动性的增强推动社会–生态系统的关联从近域互动发展为远程耦合，从局地尺度拓展到全球尺度，从简单过程演化为复杂模式的发展趋势（Hull and Liu，2018）。这种趋势反映了人地关系在远距离人类活动和大尺度自然过程作用下，跨越了政治与生态系统的边界，从而在局部到全球多重嵌套的空间尺度上发生并相互反馈（Yang et al.，2012；刘建国等，2016）。远程耦合作用给区域可持续发展决策带来了前所未有的挑战和机遇。这种相互作用日益深入地影响了世界性重大问题，如应对气候变化、生物多样性保护、粮食安全、减轻贫困，以及水资源缺乏等。可见，充分考虑社会–生态系统的远程耦合作用，实现可持续发展，已成为全球面临的共同挑战（Sachs，2004）。

随着人类活动引发的环境经济问题跨越行政地理边界，传统的局地、单向、单一尺度的“人地关系”研究已经难以解释万物互联的复杂性，更无法满足可持续管理的精细化需求（郑度，2002；Liu et al.，2015a；孙晶等，2020）。人类活动所引起的“蝴蝶效应”“厄尔尼诺效应”等，呈现了层级传递和空间扩散的特点。这种级联效应在经济环境领域也引起了关注（Liu et al.，2018），尤其是人类活动驱动下的全球环境和气候变化，及其引发的跨区域尺度上的生计选择、健康威胁、环境决策等级联问题，正推动全球探索社会–经济系统转型。

1.3 工业化过程

18 世纪以来，工业革命推动人类社会进入新的发展阶段，产业技术获得了巨大发展，人类财富不断增长。然而，工业化过程中资源能源的过度消耗、不合理利用和粗放式排放，导致资源枯竭严重、生态系统退化和环境污染。联合国环境规划署（United Nations Environment Programme，UNEP）发布的《全球环境展望 6》(GEO6）指出，全球自然资源消耗总量 2017 年达到了 920 亿 t，包括水、木材、石油和煤。依照目前的消耗速度，全球大约 10%的森林和 20%的生物栖息地将在 2060 年以前消失，温室气体排放将增加 40%（King，2019）。工业化带来的环境资源危机值得人类警惕。

我国经过 40 余年的改革开放，工业化水平急剧提升，成为工业门类完备的“世界工厂”。然而，我国工业体系中高能耗、高污染、低水平的“两高一低”产业比重长期居高不下，导致工业污染排放呈现持续增长趋势（Yuan et al.，2020），同时造成了区域土壤、水和大气等严重污染。2014 年首次公布的《全国土壤污染状况调查公报》显示，中国 630 万 km^2 的调查样点中，16.1%的土壤遭受了不同程度的污染。《全国地下水污染防治规划（2011—2020 年）》也显示，中国 90%的城市地下水已受到污染。而水污染又进一步加剧了水资源短缺和地区之间的不平等（Ma et al.，2020a）。同时，煤炭、石油、天然气等化石燃料的燃烧增加了温室气体（greenhouse gases，GHGs），改变了自然气候系统

6000 年来的演化趋势。国际能源署（International Energy Agency，IEA）统计显示，中国工业部门 GHGs 排放量占全国的比例从 1990 年的 71%上升至 2018 年的 83%。并且，一些关键的污染物，如 $PM_{2.5}$、SO_2、重金属、持久性有机污染物，以及新出现的污染物引发了社会广泛关注。

不断加剧的环境问题导致居民健康受到严重威胁，对人类社会经济活动的正常运行造成了严峻挑战（Bryan et al.，2018）。根据世界银行和世界卫生组织（World Health Organization，WHO）有关统计数据，世界上 70% 的疾病和 40% 的死亡人数与环境因素有关。其中，空气污染带来的健康风险负担逐渐加重。2017 年，《柳叶刀》（*The Lancet*）发表的 2015 年全球疾病负担相关研究表明，大气 $PM_{2.5}$ 污染导致全球每年 420 万人死亡，占到全死因的 7.6%。中国是受空气污染健康危害最严重的国家之一，2015 年大气 $PM_{2.5}$ 污染导致大约 110 万人死亡，相比 1990 年增加了 17.5%（Cohen et al.，2017；Zhou et al.，2019）。此外，土壤污染、地下水污染、重金属污染等环境问题异常突出，严重影响了社会–生态系统的健康发展。

1.4 快速城市化过程

人口不断从农村涌入城市，导致全球城市化水平以前所未有的速度增长。世界银行的数据显示，1950 年的全球人口只有 25 亿，而且大部分是农村人口，城市人口约占 30%（Roser et al.，2013）。随后，全球城市人口经历了快速的增长。到 2020 年，全球城市化率达 56%，且仍保持上升态势，预计到 2050 年全球城市人口占比将上升至 68%。就中国而言，改革开放 40 余年以来，中国实现了全球规模最大的城镇化，常住人口城镇化率从 1978 年的 17.92%猛增到 2022 年的 65.22%。

快速城市化进程给经济社会发展以及环境保护带来了深远影响。城市及其周边往往也是地区乃至全球经济环境活动的中心，人口与资源的空间过度集聚导致了一系列“城市病”。城市发展在消耗大量外来资源的同时，环境排放水平也随之提高，由此引发了资源剥夺、环境污染扩散等问题。据联合国人类居住区规划署统计，城市仅占地球表面不到 2%的面积，却消耗了全球约 78%的可用能源，导致全球 60%的碳排放。预计到 2050 年，世界物质资源消耗量将从 2010 年的 411 亿 t 增长到约 890 亿 t（IRP，2018），这绝大部分发生在城市区域。

城市的生产生活需要更大的生态空间，这推动了城市对周围区域的土地占用，改变了土地利用功能。《自然》杂志上的一项研究表明，1985～2015 年期间，全球城市面积净扩张率为 80%，平均每年有 9687km^2 的土地从非城市用地转为城市用地，比之前的预估高出 4 倍（Liu et al.，2020）。其中，全球将近一半的城市扩张来自对耕地的占用（Huang et al.，2020）。同时，城市越来越依赖于来自城市边界外的生产和吸纳能力，通过物质流、能量流和信息流的空间作用来维持城市生产和居民生活，这导致城市“生态足迹”比其实际面积大了十倍至几百倍（Wu，2014）。

城市既是环境气候变化的推动者，也是环境气候变化的响应者，二者存在复杂的交互作用与尺度效应（图 1-1）。城市活动不仅引起了局地和区域环境气

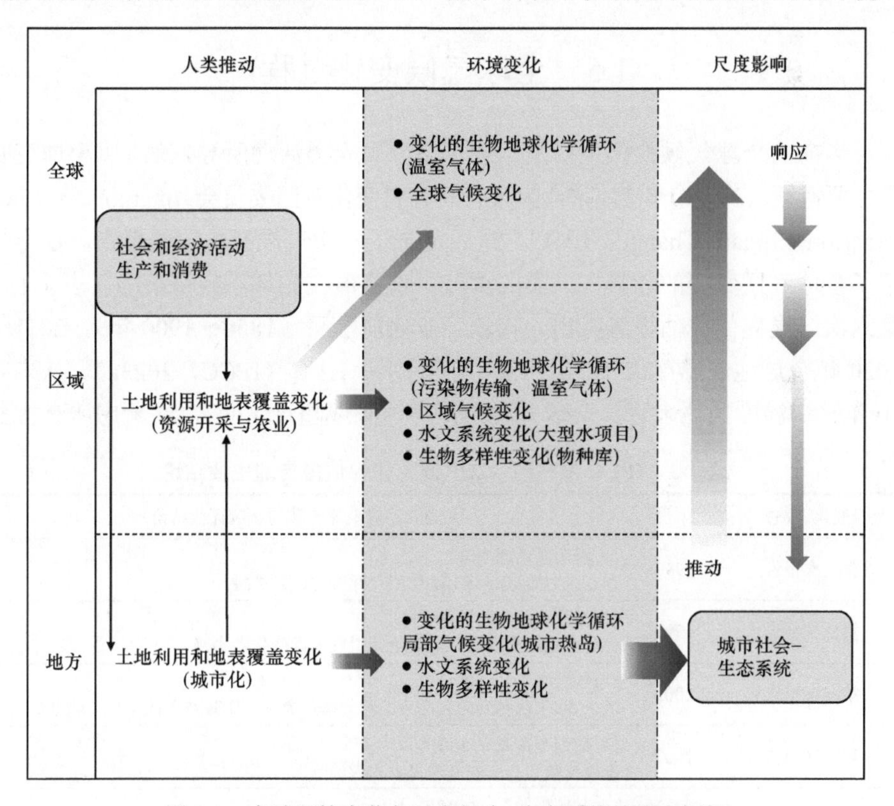

图 1-1　全球环境变化与城市社会–生态系统的耦合框架

该框架显示了城市社会–生态系统（右下方）既是环境变化的推动者（向上的箭头），也是环境变化的响应者（向下的和水平的箭头）。为建设城市、哺育城市人口而改变土地利用和地表覆盖变化，会使得从地方到全球尺度的生物地球化学循环、气候、水文系统和生物多样性都发生变化。较大的地方环境变化比全球环境变化所传递下来的环境变化要大（水平黑色箭头）。修改自 Grimm 等（2008）

候变化（城市热岛效应、极端天气、大气污染物扩散等），而且过量能源使用所排放的 GHGs 影响了全球气候变化。据估计，城市生产和消费引起的 GHGs 排放占全球的 70%左右（UN-Habitat，2016）。城市是能源消费的高强度区域，因此也是我国节能减碳的优先试点区域。《中国城市能源报告 2018》显示，中国城市的能源消耗占全部能源消耗比例为 85%，超出世界平均水平 18 个百分点。这不但与城市工业、建筑和交通等部门贡献有关（Shan et al.，2018），而且与燃油汽车、工业消费品、居民家用电器等高能耗型产品的使用量增加有关。这些影响的时空尺度叠加效应，加剧了全球气候变暖与区域环境污染的形势（陈明星等，2021）。因此，社会–生态系统主要制定减缓和适应战略，特别是社会代谢的绿色低碳转型，来应对全球环境气候变化的风险。

1.5 全球气候变化过程

当前的全球气候变化主要是工业革命以来人类活动所导致的，以全球变暖为主要特征。自 1990 年起，联合国政府间气候变化专门委员会（Intergovernmental Panel on Climate Change，IPCC）先后发布了六次气候变化评估报告，逐步揭示了全球气候变暖的趋势、人类的贡献，以及潜在的环境经济风险（表 1-1）。第六次气候变化评估报告指出，相较工业化前水平（1850～1900 年），2011～2020 年全球地表温度比 1850～1900 年升高了 1.1℃（IPCC，2023a）。从未来 20 年平均温度预估来看，全球升温预计将达到或超过 1.5℃。在考虑所有排放

表 1-1　IPCC 发布的六次气候变化评估报告的主要结论

气候变化评估报告	年份	人类活动对全球变暖的影响评估结论
第一次报告	1990	“可能引发地球变暖” 存在人为排放的 GHGs 引起气候变化的可能性
第二次报告	1995	“气候变化的影响遍及全球” 在全球范围内观察到人类活动引发气候变化的事例
第三次报告	2001	“可能性高”（>60%） 过去 50 年观测到的大部分地球变暖现象与 GHGs 浓度的增加关联性显著
第四次报告	2007	“可能性非常高”（>90%） 全球变暖的主要因素来自于人类影响的可能性非常高
第五次报告	2013 2014	“非常明确的”（>95%） 非常明确地指出，全球变暖的是人类活动造成的
第六次报告	2021 2022 2023	“毋庸置疑的” 人类活动造成的气候变暖是明确的（unequivocal）、空前的（unprecedented）、极端的（extreme）和不可逆的（irreversible）

情景下，至少到 21 世纪中叶，全球地表温度将继续升高。除非大幅度减少 GHGs 排放，否则 21 世纪将超过 1.5℃甚至 2℃（IPCC，2021）。

观测和研究证明，人类活动是导致全球变暖的源头（表 1-1）。煤、石油、天然气等化石能源的大量使用是造成全球气候变化的最主要原因，贡献了全球 GHGs 排放的 75%以上，占所有二氧化碳排放的近 90%。尽管人们已经认识到传统能源消耗对全球气候变化的影响，但全球对传统能源的需求曲线尚未达峰。IEA 发布的《2022 年 CO_2 排放》（*CO_2 Emissions in 2022*）指出，2022 年全球能源相关的 CO_2 排放量达到 368 亿 t 以上，再创历史新高。未来很长一段时间，在绿色能源技术未能突破的限制下，人类对传统能源的依赖依然强劲。

气候变化不但给自然生态系统造成广泛的损害，而且不断侵蚀人类的生存空间。2023 年，IPCC 发布了《气候变化 2023》（*AR6 Synthesis Report：Climate Change 2023*）研究报告。这份迄今为止最权威的气候变化评估报告指出，未来气候变化对自然和人类系统的影响将增强，并呈现区域差异增大的趋势。例如，极端热事件强度上升、降水量显著变化、全球水循环加剧、极端降水事件频次增加等。并且，随着气候变暖，未来百年至千年尺度上海平面将持续上升，这将威胁沿海地区的城市。研究预估表明，未来将有近 10 亿人口将面临生存危机，其中发展中国家遭受的损失尤为严重（Hawker et al.，2019）。

更令人担忧的是，随着气候变暖加剧，气候和非气候风险之间的相互作用将增加，产生更加复杂且难以管理的气候复合事件和级联风险，对人类福祉产生严重威胁。例如，热带海洋物种消失、罹患湿热相关疾病的人群风险增加、粮食和水安全问题将日益严峻等。如果这些风险与大流行病或其他不利事件同时发生，将变得更加棘手。为了避免全球持续变暖导致的不利影响及其相关损害升级，人类需要采取快速、深度，甚至即刻的 GHGs 减排行动，将温升保持在 1.5℃乃至 2℃以内。否则，人类将错失一个短暂而迅速关闭的机会之窗。

1.6　人类世时代正跨越星球边界

全球社会经济活动带来的环境气候影响正在深刻地改变地球系统的运行轨迹（Folke，2006）。人类营力在某种程度上已经超过自然地质营力，将地球系统推离自然运行轨道，对地球各个圈层及其物质能量迁移转化等造成重大影响。这些影响直接表现为地球环境、气候、生态等要素以前所未有的速度发生变化（Steffen et al.，2015）。这些特征标志着人类进入了一个新的地质时代——

“人类世（Anthropocene）时代”。

人类活动作为当前全球环境变化的主要驱动力，深刻地改变着地表过程，并可能将地球系统推到全新世的环境稳定状态之外。2009 年，瑞典斯德哥尔摩大学恢复力研究中心在《自然》杂志上刊文指出：地球的三项关键生物物理过程——气候变化、生物多样性损失和生物地球化学流动（氮磷循环）已经越过了地球系统阈值（Rockström et al.，2009）。让人忧虑的是，到 2015 年，《科学》杂志上表示，全球已经跨越了 9 个行星边界中的 4 个，磷循环和土地利用变化也进入了高风险区（Steffen et al.，2015）。

不仅如此，多项研究证实，全球规模或局部区域的生态环境正遭受来自人类活动的持续破坏。这些破坏的负反馈机制，将对人类福祉与健康产生严重损害。例如，极端气候严重威胁人类安全，累积性的环境污染物通过食品、空气、淡水等途径威胁人类健康。如若不立即采取紧急措施，到 2050 年，污染物将影响人类的生育能力和神经发育，在亚洲和非洲地区造成数百万人过早死亡（King，2019）。

因此，人类需要在“安全公正空间”内来理性发展，即人类社会经济的发展需保持在环境界限和社会界限内。这些界限一旦被逾越，极有可能引发地球系统状态发生不可逆的变化，进而对人类福祉产生不利影响。然而，人类不可持续的生产和消费模式，加上人口增长对资源需求量与日俱增，使实现可持续发展所需的健康地球处于危险之中。

1.7　应对全球变化挑战的努力

为应对日益严峻的环境气候挑战，研究者和决策者在各自领域不断努力。科学理解社会–生态系统代谢的转变趋势是应对挑战的关键。近年来，社会–生态系统的代谢过程呈现生产引领向消费引导、环境保护优先方向发展的趋势。面对这种趋势，全球环境治理理念经历了多次转向，逐渐从被动适应向主动应对过渡（O’Brien，2012）。但是，单纯依靠末端治理难以有效应对资源枯竭、环境退化、气候变化等系统性风险的挑战。亟须依靠社会经济系统的彻底变革，从资源节约、循环经济、全过程治理等方面降低人类活动带来的负面环境影响（蔡运龙，2020）。

幸运的是，社会–生态系统过程、效应及其转型已被纳入全球合作研究计划中。例如，国际全球环境变化人文因素计划（International Human Dimensions

Programme on Global Environmental Change，IHDP）、地球系统科学联盟（Earth System Science Partnership，ESSP）、未来地球计划（Future Earth，FE）等（图 1-2）。美国国家科学基金会（National Science Foundation，United States，NSF）也于 2001 年开展了耦合人类自然系统（Coupled Human and Natural Systems，CHNS）研究计划，2019 年进一步发展为 CHNS2。这些计划在探索全球可持续发展的综合解决方案。

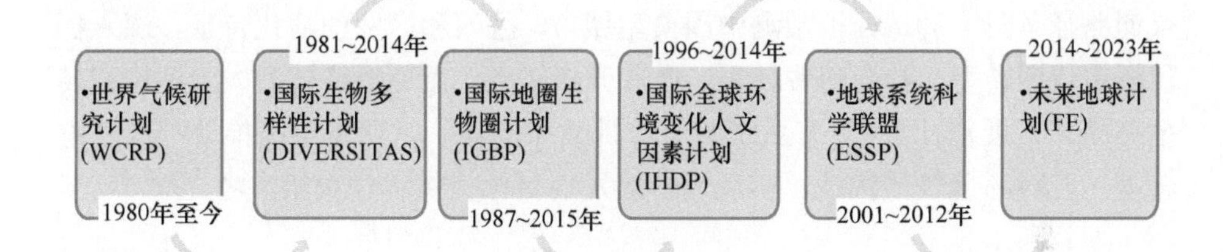

图 1-2　全球科学合作研究计划

同时，为应对社会–生态系统发展的挑战，联合国先后推出了“联合国千年目标（Millennium Development Goals，MDGs）”（2000 年）和“联合国 2030 可持续发展目标（Sustainable Development Goals，SDGs）”（2015 年），为各国推动可持续发展提供了行动目标。围绕可持续发展转型，全球正进行着改革和合作。但是，贸易保护主义盛行、地缘政治恶化，全球供应链中断、突发疫情不断等风险加剧，导致全球实现 SDGs 面临极大的阻力。

而且，至少在未来百年，围绕气候变化的博弈和合作将是全球治理的焦点。应对气候变化将成为各国的优先发展战略之一。围绕实现碳中和目标的全球行动，将深刻改变全球政治、经济、贸易、技术等游戏规则，深度重构全球经济格局和地缘政治格局，深远重塑全球治理体系（杨德伟，2022）。气候治理应将自然科学和社会科学中的生物物理动力学与人类动力学研究充分结合起来，架设起科学研究与决策行动的桥梁，推动人类星球始终处于安全的运行空间，维护气候正义，实现可持续发展目标。

面对百年未有之大变局，对中国来说，应对全球气候变化和实现可持续发展目标充满了挑战，但更是实现中华民族伟大复兴的难得机遇。中国一直是应对可持续发展挑战的全球领导者和积极实践者。1983 年，保护环境被确定为我国的一项基本国策；进入 21 世纪，生态文明建设上升为国家战略任务。面对气候变化的严峻挑战，中国将应对气候变化确定为国家治理战略的优先行动方向，提出了国家自主贡献（nationally determined contributions，NDCs）的承诺。然而，中国目前处于新型工业化、城镇化、信息化、智能化的加速推进阶段，资源消耗强度和环境排放水平仍然居高不下，减污降碳挑战依旧突出，亟须加快社会–生态系统转型步伐，推进社会经济和环境治理的协同发展。

基于此，本书聚焦于社会–生态系统转型这一前沿主题，运用多学科的研究范式和方法，全方位阐述区域社会–生态系统从资源端到生产端、消费端的代谢路径（图 1-3），分析预测中国典型城市、区域和产业的演化特征，深入探讨城市代谢转型、社会消费转型、产业升级转型、循环经济转型、治理模式转型等模式，展望社会–生态系统的前沿挑战和趋势，以期为中国推动社会生态转型，应对环境气候挑战，实现可持续发展目标提供科学决策参考。

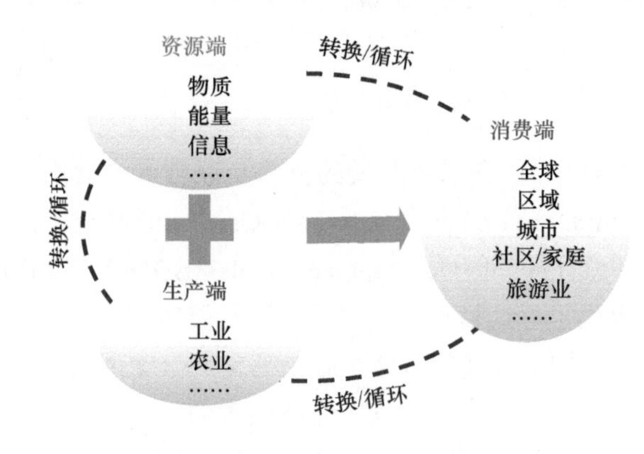

图 1-3 社会–生态系统的代谢过程

第2章

社会－生态系统转型的研究范式

全球化正将不同尺度的社会系统和生态系统紧密地联系在一起，导致时空的压缩和复杂性的提升。这种空前的变化需要综合自然科学与社会科学知识，融合多学科理论范式来理解。本章在总结了社会科学和自然科学理论研究范式的基础上，构建了社会–生态系统的研究范式，以期为科学认知社会–生态系统提供参考。

2.1 引　言

全球化正将不同尺度的社会和生态系统紧密地联系在一起，导致时空的压缩和复杂性的提升（Ostrom，2009；McGinnis and Ostrom，2014）。这给理论研究和实践认知带来前所未有的挑战，迫切需要加强自然科学与社会科学的知识融合，综合多学科知识来应对。然而，自然科学和社会科学之间存在理论、方法和范式等诸多的学科融合壁垒。打破这些壁垒，解决复杂性问题，需要重新关联不同学科之间的理论知识和分析方法，创新研究范式（Colloff et al.，2020）。

范式（paradigm）是一种理论框架，是科学家们共同接受的理论、假说和方法的总和。范式被定义为："一个共同体成员所共享的信仰、价值、技术等的集合，是常规科学所依赖运作的理论基础和实践规范，是某一类科学研究者集体共同遵守的世界观和行为方式。"（Kuhn，1970）。任何一门学科都是在一定范式指导下观察对象、收集并分析资料、检验假设、发展知识的过程。

自然科学和社会科学的发展经历了混沌、融合和独立的历史过程。针对不同的研究对象，自然科学和社会科学在历史长河中形成了各具特色的研究范式。在特定范式内，研究者采用一种已验证的模式去对待研究的问题，用已经被认可的方法去解决发现的问题。在问题的解决过程中遵循一种稳定的方式，以增加知识的储存。这些范式往往是处理棘手问题，贡献决策议程的金钥匙。

2.2 社会科学的研究范式

在社会科学中，长期以来人们尝试着用不同的方式划分迥然不同甚至相互对立的观点和理论。根据社会学学者周晓虹（2002）的观点，社会学理论中存在至少三种流行的基本模式：①"学派归纳"模式。这一模式的依据是社会学家在阐释人性和社会秩序及相关问题时所持观点的相近性，如“机械论学派”“地理学派”“生物学学派”“生物–社会学派”“生物–心理学学派”“社会学学派”“心理学派”和“心理–社会学学派”等。②“理想类型”模式。这种方式直接受惠于马克斯·韦伯（Max Weber）及其“理想类型”的概念。然而，理论中的“理想类型”，在现实中往往不存在。③“理论范式”模式。这一模式的产生同美国科学史学家托马斯·S. 库恩（Thomas S. Kuhn）的《科学革命的结构》（*The Structure of Scientific Revolutions*）一书直接相关。他认为，科学不是按进化的方式发展的，是通过一系列革命的方式实现的。

社会科学的理论范式可以将宏观–微观、自然主义–人文主义视为两对既有一定的区隔，同时又互为过渡的“连续统”（周晓虹，2002）。由此，在美国社会学家乔治·瑞泽尔（Ritzer，1975）划分的三种基本的社会学理论范式基础上，可以进一步划分为四种理论范式，见图 2-1 和表 2-1。这些范式及其理念成为社会科学认识世界的范式指导。

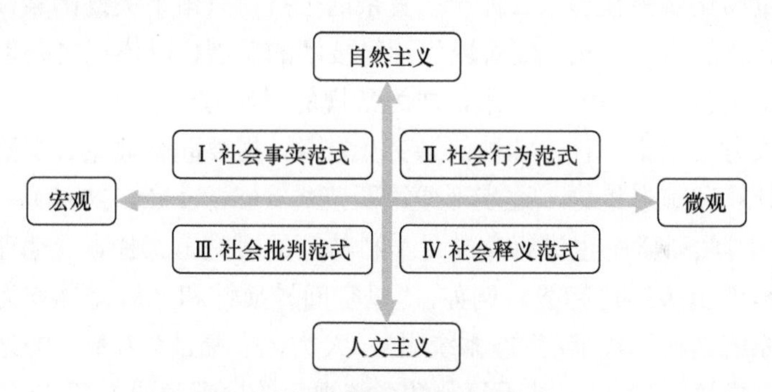

图 2-1　社会学理论的基本范式

修改自周晓虹（2002）

表 2-1　社会学理论的基本范式及其理念

基本范式	目标	假设	方法	理论
社会事实范式	理解、预测和控制社会事实	人的行为是社会结构的派生现象	社会调查方法	结构–功能理论和冲突论
社会行为范式	理解社会行为及决定或影响人类社会行为的内外部因素	社会行为或受制于外部刺激因素或受制于人类的本能	实验室实验	功利主义帕累托最优，精神分析理论
社会批判范式	强烈批判现实社会，强调知识的反思性及指导行动的意义	事物的本质存在于对现实的否定之中	历史–社会的分析方法	历史唯物主义、辩证唯物主义，法兰克福学派

续表

基本范式	目标	假设	方法	理论
社会释义范式	理解作为社会行动者的个人行动的主观意义，以及这种意义对行动者和社会现实的影响	社会现实是由人的有意义的社会行为建构的	实地研究	韦伯的社会行动理论，符号互动理论，现象学社会学，日常生活方法论等

注：根据周晓虹（2002）整理。

2.3 自然科学的研究范式

自然科学研究同样进行着理论范式的探索。这些范式包括实验归纳、模型推演、仿真模拟和数据挖掘（Hey et al.，2012）。人类最早的科学研究，主要以记录和描述自然现象为特征，称为“实验科学”（第一范式）。之后，科学家们尝试尽量简化实验模型，去掉一些复杂的干扰，只留下关键因素，进行建模和归纳，这就是第二范式。随着现代计算技术的发展，以模拟复杂现象为主要特征的计算机仿真逐渐流行起来，成为常规的科研方法，即第三范式。未来，数据的生成方式丰富多样，各种信息交互复杂，需要联合理论、实验和模拟一体的数据计算和信息挖掘，逐步形成第四范式（Hey et al.，2012）。

同时，自然科学中也进行着立足学科特征的研究范式探索。地理学的研究范式同样呈现出多样化趋势。例如，“以空间异质性和区域差异作为切入点，围绕生态系统结构与功能–生态系统服务–人类社会福祉”为基础的地理学研究范式（李双成等，2011）；基于复杂性系统视角的地理学研究范式（李双成等，2010；宋长青，2016）；基于空间秩序、时间序列和动因机制的地理学研究范式；景观格局、过程与尺度研究范式（高庆彦等，2013）。此外，在近百年的研究中，地理学经历了以区域、空间、生态和人文为典型特征的研究范式转变。未来，地理学将对地理事象的历史演化及其机制进行解释，运用数据密集型科学实现复杂性研究（宋长青，2016）。

此外，在国土空间生态修复实践领域，逐步形成了自然、本土、过程、文化、实验、绿色等范式类型（王志芳等，2020）。再比如，环境经济地理研究范式正在发生转变，在传统的经济活动与环境影响因果耦合关系刻画的基础上，发生了以经济–环境互动的社会和制度要素为关注点的制度转向，以互动主体间关系和网络构建为重点的关系转向，以及以互动动态过程和可持续转型研究为特点的演化转向（许𫘽和马丽，2023）（图2-2）。

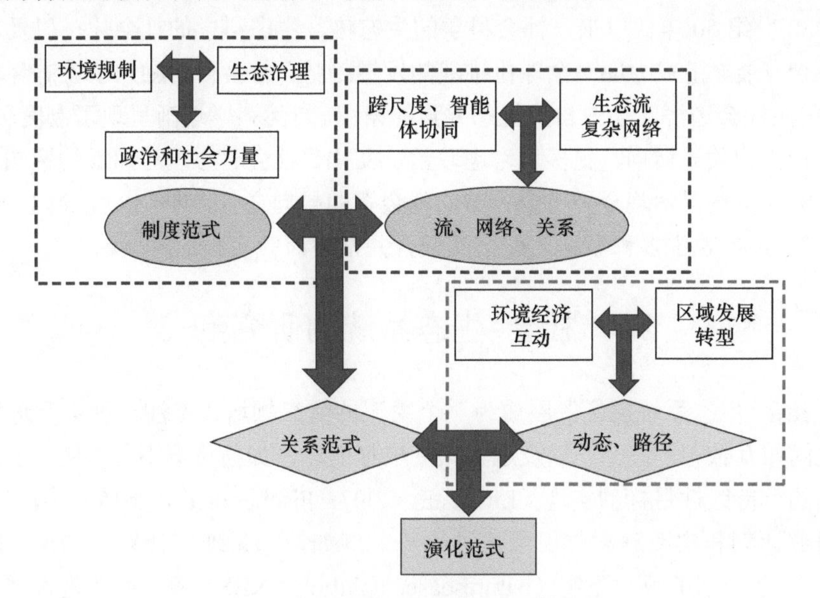

图2-2　环境经济地理研究范式的转变
修改自许𫘽和马丽（2023）

2.4　研究范式的融合趋势

总体上看，自然科学和社会科学尽管在研究思维上有很大差异，但始终在融合发展中[①]。首先，人类面临的许多问题具有前所未有的复杂性，比如气候变化和区域环境恶化，这涉及人类活动与岩石圈、大气圈、水圈和生物圈等各个圈层的关系。这种问题导向的协同研究需要跨学科的知识融合和范式探索（Colloff et al.，2020）。其次，创新的思维来源于学科之间的抽象类比，从功能或性质表述上建立对应性关系。例如，物理学中的相互作用力被地理学用来研究城市区域的相互作用水平，被经济学用来研究市场主体间的相互作用和动态平衡的秩序。再次，自然科学与人文社会科学通过理论方法的交叉和知识的融合，探索新的理论范式。最后，网络化世界的紧密联系正推动跨科学的知识连接，促进自然科学与社会科学的互动启发和创新涌现。譬如，复杂系统科学就是多学科综合的产物，像协同学所讨论的流体、激光、化学钟、矛盾、革命等

① 徐浩然，张冠玉. 2021. 推动自然科学与人文社会科学交叉融合. 学习时报.

问题，涵盖了物理学、化学、哲学、经济学等。

20 世纪 50 年代以来，社会科学的生态化、生态科学的社会化，以及二者的融合发展，正成为应对全球化挑战的发展趋势。社会科学融入了生态环境思维，关注社会经济活动中自然生态要素的角色。自然科学逐渐呈现了制度转向、文化转向和关系转向，更多地考虑政治、文化、社会、心理等因素的影响。例如，国家自然科学基金委员会公布的基金资助导向之一，即“共性导向，交叉融通”，正反映了多种学科之间交叉融合并推动研究实践的时代趋势。

2.5 社会–生态系统的研究范式

社会–生态系统已经发展成为一个主流的研究领域，专注于社会和环境变化之间相互依存的联系，以及这些相互依存的联系如何影响不同系统、层次和规模的可持续性目标的实现（Liu et al.，2007；Fischer et al.，2015）。国家合作的研究计划和实践理念体现了这种趋势，例如，未来地球计划（2014～2023年）、基于自然的解决方案（nature-based solution，NBS）等。前者是人类应对全球变化的多学科研究合作计划，通过建立全球性的、跨学科的科学共同体，为人类朝着可持续性转变探索解决方案（秦大河，2018）。后者旨在促进生态系统的保护和恢复，利用自然过程和生物多样性来实现可持续发展。二者均面临着解决社会–生态融合的挑战，比如，气候变化、水资源管理、自然灾害、食品安全、低碳经济和城市规划等。这些合作，无疑为创新社会–生态理论研究范式提供了可能。

社会–生态系统是人类赖以生存和发展的复合系统，也是实现可持续发展目标的研究单元之一（William，2007）。全球化背景下的人地关系愈加复杂，使得深入揭示生态、经济、技术、社会及其耦合过程中的内在联系和规律性时，需要融合社会科学与自然科学的理论知识。Cumming（2014）从假设导向、评估导向、理论导向、问题导向、行动导向等角度建立社会–生态系统的研究范式。而且，面对涌现的新特征，研究者更需要探索新的研究范式。

我们以不同的假设、目标、方法为基准，尝试归纳社会–生态系统研究中不同的理论范式。这些代表性范式见表 2-2。这些范式无一不综合考虑了社会和生态要素，从识别问题、理解过程和明确目标等角度来理解社会–生态系统的运行机制。同时，这些范式的研究具有一些代表性的理论和方法。当然，它们之间的界限不是绝对的。

表 2-2　社会–生态系统的基本理论范式

基本范式	目标	理论假设	代表性分析方法
功能反馈范式	理解系统功能反馈作用及其内在逻辑关系	系统具有不同要素和过程，形成了复杂的结构和功能，带来了多样化的逻辑反馈关系	系统动力学模型
网络关联范式	理解系统要素的网络关联关系	各种社会、经济和生态要素呈现复杂的流动关联特征和网络化关系	网络分析方法
尺度耦合范式	理解系统的尺度差异及其耦合效应	系统具有时间、空间、组织等尺度特征，并呈现域内、邻域和跨域的耦合关系	耦合分析方法
演化适应范式	理解系统的状态、突变、阈值和适应性等演化过程和内在机制	系统演化过程中存在动态、状态、阈值、维度和自适应等特征	韧性分析方法

2.5.1　功能反馈范式

功能反馈范式就是系统均具有一定的结构和功能，并在更高的系统中承担一定的角色。该范式中，系统中的多样化要素通过不同的过程和结构组织起来，形成复杂的功能和多样化的逻辑关系。功能反馈是系统相互作用并推动系统分异的基础，功能的性质受制于系统内要素、过程和结构的组合形式。系统动力学模型是典型的功能反馈范式分析方法之一。在实践中需要根据目标来选择合适的研究方法，发现系统存在的问题，进而优化系统的功能。

2.5.2　网络关联范式

网络关联范式是地方、区域乃至全球流动和关联而形成的研究范式。社会–生态系统中的要素流（如物质流、能量流、信息流、人口流等）正在重构社会经济的组织形式，形成不同尺度的“流”空间。在物理空间上，点状、线状向面状的演化而形成全球发展格局，变化于本地、区域、国家和全球尺度，呈现从乡村聚落、地方中心城市、城市群到全球经济区等各种空间形式。虚拟空间上，由先进的信息基础设施推动下形成的信息交互网络，可以满足信息流、货币流等的瞬时流动，形成了网络化的空间。当前，两种空间处于加速融合中，强调时间层面的信息交流和空间层面的物质能量移动。因此，网络关联范式反映了全球化背景下社会生态要素在不同时空维度上的网络化特征及其关联作用。作为代表性方法，网络分析方法既可以模拟区域尺度上不同要素的流动特征和空间格局，又能分析国际贸易、全球供应链、跨国企业、世界城市等全球网络效应。

2.5.3 尺度耦合范式

尺度作为地理学、生态学的重要概念，逐步融入社会科学研究中，可以将其看作现象或过程在时间、空间和组织等方面的变化及其特征。尺度效应体现为变量统计指标及多属性相关关系等随尺度变化而变化（刘瑜等，2023）。尺度耦合范式通过尺度推绎（包括尺度上推和尺度下推）来理解社会–生态系统耦合水平及其对全球可持续发展的差异性影响。因此，需要从多要素、多过程和多视角理解不同尺度上日益复杂化的全球现象。这些现象多数因尺度变化呈现不同的特点，即同一事件也可能因尺度变化产生不同的影响，这就是所谓的尺度依赖现象。更重要的是，不同尺度系统的耦合，不仅能改变系统能量分配、物质循环和信息流动，还会对社会组织、环境演化、气候模式、经济布局、地缘格局等产生积极或消极影响。全程耦合分析框架正是反映了尺度耦合范式的尺度差异和层级耦合的复杂关系特征。因此，立足于尺度概念开展社会–生态系统研究，将有助于理解某一现象的粒度或者影响范围变化而呈现的差异。

2.5.4 演化适应范式

演化适应范式是从动态、状态、阈值、维度、自适应等视角理解社会–生态系统的演化过程及其适应调控机制。系统在不同的演化过程中，具有多样化的特征。当系统的演化突破某一阈值时，就进入了新的系统状态。这种状态的变迁体现了系统的自适应性特征。社会–生态系统具有边界模糊、复杂性、自适应、非线性、因果涌现等机制特征（Biggs et al.，2021）。因此，这需要更加系统的理论和方法去理解社会子系统与生态子系统之间的复杂反馈关系。遗憾的是，人们对这种关系的理解仍然很有限。人类正面临诸多社会生态问题的挑战，如气候变化、地缘政治恶化、供应链中断和星球边界风险等，这需要跨学科知识和方法来应对。社会–生态系统框架（McGinnis and Ostrom，2014；Partelow，2018）、韧性分析方法等为演化适应范式提供了分析的思路。

2.6 小　　结

进入人类世时代，社会–生态系统在应对全球化的挑战中具有多元的要素结构，形成了复杂的联系。然而，没有任何一种理论模式可以捕捉到系统复杂性和交织性的所有方面，这就要求探索多元理论研究范式，通过学科互补优势来深入理解现实问题。社会–生态系统研究反映了一个根本性的转变，即从机械主义的世界观转向复杂适应性的观点，这种转变激发了许多令人振奋的研究和行动（Biggs et al.，2021）。社会–生态系统研究是一种跨学科、跨知识体系、跨维度的实践。科学的发展除了公认的范式，更重要的是要时刻发现“意外”，推动“涌现”，这才是科学特别是多学科共进的内在意义。社会–生态系统在不断变化，更有可能在“意外”中突变，这正是对它们进行追踪研究的原因（Biggs et al.，2021）。

本书的研究中，我们试图引入多样化的模型和方法，解构社会–生态系统中要素、过程、结构、功能、效应等关键特征，并尝试通过不同的理论范式去理解系统的演化规律。这些研究范式体现在城市代谢、循环经济、环境足迹、区域治理等案例研究中。有限的研究虽然浅尝辄止，但希望能起到抛砖引玉的作用。这些研究尝试将有助于为社会科学和自然科学融合、理解社会生态实践问题提供借鉴。

第 3 章

社会 – 生态系统转型的研究方法

社会–生态系统的演化正呈现多尺度、非线性、动态性、复杂性特征，这需要更为综合的研究方法来理解。探索跨多学科、跨尺度、跨部门的理论框架及方法论，推动社会–生态系统实践，是未来关注的重点。一方面，发挥多学科融合和传统方法的优势，提升综合分析能力；另一方面，围绕新挑战发展新的研究理论和方法，实现系统集成分析。

3.1　引　　言

社会–生态系统的全球演化过程越来越复杂。很明显，单一学科的理论和方法可能无法满足识别复杂关系并推动理论认知转化为规划决策需要。因此，社会–生态系统的研究需要探索非线性、网络性、多尺度的系统分析手段。这为从经济学、生态学、社会科学、地理学等学科中引入和创新理论和方法提供了机遇。通过梳理，本章将社会–生态系统研究中常用的模型和方法进行归类总结，希望能为相关研究提供借鉴。常用方法见表 3-1。

表 3-1　社会–生态系统的代表性分析方法及其适用性

类型	代表性模型和方法	适用性
价值评估	绿色国民账户（green national account）、直接市场法（direct quotation）、揭示偏好法（revealed preference methods）、陈述偏好法（stated preference methods）、费用效益分析法（cost-benefit analysis）、生态系统服务价值评估法（ecosystem service value assessment method）等	运用市场经济的手段评估环境资源及其所提供服务功能的经济价值，服务于人类发展需求
环境核算	物质流分析方法（material flow analysis，MFA）、能值分析方法（emergy analysis，EMA）、足迹族分析方法（footprint family analysis，FFA）、生命周期评估法（life cycle assessment，LCA）等	评估人类活动对自然资源和环境的真实载荷及其对可持续发展的影响
网络分析	地理网络分析、生态网络分析（ecological network analysis）、社会网络分析（social network analysis）、复杂网络分析（complex network analysis）等	从系统要素的结构、过程和关系认识社会–生态系统的空间组织和关联关系
演化分析	韧性分析（resilient analysis）、系统动力学模型（system dynamics model，SD）、智能体模型（agent-based modeling，ABM）等	解构社会、经济、生态、环境等要素间的逻辑关系，分析社会–生态系统演化态势
气候经济评估	投入产出模型（input-output model，IO）、可计算一般均衡（computable general equilibrium，CGE）模型、长期能源替代规划系统（low emissions analysis platform，LEAP）模型、综合评估模型（integrated assessment model，IAM）等	在经济效率与公平原则下研究气候变化的规模、影响和实现气候目标

3.2 价值评估

资源经济学、环境经济学、生态经济学等学科在应对人类面对的共同挑战中，逐渐形成了独具特色的研究领域、理论和方法。上述学科对环境经济价值的研究为社会–生态系统分析提供了借鉴。面对资源耗竭、生态退化、环境污染等多样化的问题，社会–生态系统的深入研究离不开它们的经典理论。例如，环境经济学的环境外部性和环境价值的理念，生态经济学中的经济与生态平衡关系的理念，以及资源经济学中的稀缺性理论、边际效用价值理论、最优配置理论、产权理论等。这些理论及其融合有助于理解社会–生态系统运行的价值。

三大学科从经济学的视角，体现“资源”的稀缺性及其效用价值。这里，我们可以把“清洁的空气”“洁净的环境”“健康的生态系统”视作一种稀缺性资源，体现人类经济消费和社会活动的影响水平。通过市场化的手段来量化环境资源系统的价值，是实现环境可持续发展的有效手段。常见的价值评估方法，见表 3-2。需要指出的是，不同环境资源经济价值的评估方法具有不同的适用范围。因此，在社会–生态系统中，评估不同的环境资源及不同的价值类型时，要根据不同的环境资源和评估目的来选择。在选择不同的评估方法时，宗旨是应该尽量减少评估结果的不确定性，综合不同环境资源要素的总经济价值并避免重复计算。

表 3-2 价值评估的代表性方法及适用性

代表性方法	概念	优点	不足	适用性
绿色国民账户	绿色 GDP 核算，即在货币核算基础上，从 GDP 中扣除资源耗减成本和环境降级成本	体现了资源价值和环境成本等	全球无统一标准；操作性不强等	一个国家或者地区的经济、资源和环境核算账户，为发展提供决策依据
直接市场法	利用市场价格，赋予环境损害以价值或评价环境改善所带来的效益，包括剂量–反应方法、生产率变动法、疾病成本法、人力资本法、机会成本法等	直观的市场价值	很难估计成本或损害之间的物理关系；很难区分环境因素或者其他因素的影响等	评估环境质量变动所带来的经济影响
揭示偏好法	通过考察人们为环境支付的价格或获得的环境收益，间接推断出人们对环境的偏好，包括防护支出法、旅行费用法等	通过意愿或者替代物来评价，易于获取等	方法适用性限制性条件多；信息收集不确定性大等	估算环境质量变化的经济价值

续表

代表性方法	概念	优点	不足	适用性
陈述偏好法	通过直接调查来确定人们对环境改善或者损害的定价，包括投标博弈法、权衡博弈法、无费用选择法等	调查对象的环境偏好容易获得等	主观意愿的不一致性；抽样结果汇总困难等	环境保护决策
费用效益分析法	通过权衡全部项目的预期费用和全部预期效益的现值进行评价	具有一定的评估依据等	考虑因素较多；难以反映客观价值等	资源利用和经济发展的决策
生态系统服务价值评估法	人类从生态系统获得的所有惠益的评估方法。生态系统服务包括供给服务、调节服务、文化服务和支持服务	生态学机理清楚；体现了生态系统质量的异质性；简单易行等	参数复杂，不易验证；大尺度精细化困难等	生态系统保护决策

注：具体评估可参考ISO 14008. 2019. Monetary Valuation of Environmental Impacts & Related Environmental Aspects；国家市场监督管理总局和国家标准化管理委员会. 2020.生态系统评估生态系统生产总值（GEP）核算技术规范（征求意见稿）。

3.3 环境核算

人类社会对环境资源的占用强度和影响范围在不断增长。截至2010年，人类的资源占用和废弃物排放强度已经超出地球自身可承载能力约50%（Haberl et al.，2007；WWF，2010）。预计到2050年，至少需要2.6个地球才能持续支撑全球人口的资源消费量（Moore et al.，2012）。在如此严峻的背景下，人类在不断反思自身行为及其与自然环境的关系。然而，评估这种行为关系需要科学的方法来有效连接自然系统和社会系统。

在此情况下，不同的环境核算方法被不断开发出来，开始主要从物质计量角度开展环境核算。典型的方法包括：生态足迹（ecological footprint，EF）法，即计算生产性土地的直接、间接需求；物质流分析方法（MFA），即计算自然界到经济系统中的直接和隐性物质投入；体现能核算法，主要计算全生命周期的累积能量消耗；各种测算经济过程排放物的环境影响核算法，如IPCC GHGs核算、CML2000环境影响系数等（刘耕源和杨志峰，2018）。此外，还有能值分析方法（EMA），即从生物圈能量运动角度来计量某物质或某系统所需要的所有能量总值等。它的提出实现了物质流、能量流、经济流、人口流和信息流等的统一量化，架设了“环境与经济间的桥梁”。为了评估资源消费和废弃物排放等人类活动的环境影响，足迹族分析方法（FFA）不断涌现。继生态足迹之后，出现了碳足迹、水足迹、能源足迹、生物多样性足迹、化学足迹、氮足迹和磷足迹等（方恺，2015）。另外，生命周期评估法（LCA）因擅长分析全生命周期的社会生态流过程及其影响，在环境气候分析中广受欢迎。这些环境核算方法都能从一定角度反映人类活动对自然资源和环境的真实载荷，成为指导和评价环境绩效和可持续发展的重要工具，详见表 3-3。

表 3-3 环境核算的代表性方法及适用性

方法	概念	优点	不足	适用性
物质流分析方法	针对一个系统的物质（元素）的输入、迁移、转化、输出进行定量化的分析方法	物理意义清晰、方法先进、适用不同层面等	统计口径不一、含义不一、渠道不一；难以反映物质流动的质量等	系统的元素流和物质流评估
能值分析方法	产品或者劳务形成过程中消耗的可用能，常以太阳能为度量标准（Odum et al.，2000）	采用统一量纲实现不同类型的物质、能量、信息等比较	对废物的评估能力不足；能值大小的物理意义不很明确等	系统的投入产出评价及其可持续发展决策
足迹族分析方法	评估人类资源消耗和废弃物排放等活动环境影响的指标	定量评估某一环境指标、数据可获取性强等	足迹指标整合分析困难；相互制约和互补性的决策存在挑战等	环境要素的影响分析和可持续发展决策
生命周期评估法	一种产品或服务从“摇篮”到“坟墓”的过程及其潜在的环境经济影响评估	结构完整、评估全面、结果可靠等	适用于特定的环境管理方式；对数据要求极高；投入的人力物力较大等	对产品或者服务在不同生命周期阶段及其影响进行分析

3.4 网 络 分 析

工业化后期，信息和通信技术的发展，推动全球的时空联系模式发生了根本性变革。1989 年，曼纽尔·卡斯特尔（Manuel Castells）提出了流空间（space of flows）(Castells，1989)。之后，他在《网络社会的崛起》(*The Rise of the Network Society*）一书中进一步解释，流空间是通过流动而运作的共享时间下社会实践的物质组织（Castells，1996）。流空间理论使研究视野由基于位空间理论的空间等级静态结构转向由人流、物流和信息流构建的网络结构和空间关系（孙中伟和路紫，2005）。流空间理念更新了传统空间认知，距离与地方消失，空间边界变得模糊，空间的尺度和维度得到拓展。同时，流空间引发了社会活动与文化构成的转变，带来了社会空间分异。流空间研究突破了对距离、成本、收益和实体流的限制，开始关注全球尺度上的虚拟流和网络关系。

全球化时代，物理空间与虚拟空间相互交织，均体现出了明显的网络化特征。这需要从分布、结构、关联、效用等视角分析，理解社会–生态系统的网络化特征。常见的网络方法包括：地理网络分析、生态网络分析（李中才等，2011）、社会网络分析、复杂网络分析等，见表 3-4。

表 3-4 网络分析的代表性方法及适用性

方法	概念	优点	不足	适用性
地理网络分析	运用图论方法对地理网络、城市基础设施网络进行地理分析和模型化的过程	体现空间中的多维度；理解各种网络的空间不平衡特征等	对社会生态学特征分析不足等	网络的空间状态和流动分配特征
生态网络分析	分析生态系统作用关系、辨识系统内在、整体属性的一种有效的系统分析方法，包括网络结构、稳定性、网络上升性、网络效能等	揭示生态系统内部各组分之间的关系，探讨生态系统的整体性和复杂性等	缺少系统边界划分的统一规则；对非稳态网络，目前还缺乏合理的处理方法；缺乏使用流量和状态变量来描述结构特征的方法等	生态网络结构的拓扑特性、网络的结构与功能关系、网络的优化算法与控制方法等
社会网络分析	节点的社会行动者及其相互关系构成的集合，体现了行动者的关系	关注社会网络中的行动者、结构、连接及其关系的特征；定性和定量的桥梁等	没有考虑各种“孤立点”；多静态分析；忽视了社会网络对制度、文化、政治等方面的嵌入性问题；偏重形式分析等	个人、组织等在网络中的表现
复杂网络分析	具有自组织、自相似、吸引子、小世界、无标度中部分或全部性质的网络	理解复杂网络的系统要素、拓扑结构和动力学特性	因素多，过程复杂，精确定量困难等	复杂网络的各种拓扑结构及其与功能之间相互关系

3.5 演化分析

社会–生态系统是社会子系统和生态子系统相互作用所形成的复杂适应系统，由多种元素组成。社会–生态系统具有脆弱性（vulnerability）、韧性（resilience）、适应性（adaptivity）和稳态转换（steady state transformation）等核心属性，其复杂性主要集中在不可预期性、自组织、非线性、多样性、多稳态、循环性等特点（Walker et al.，2004；Folke et al.，2010；周晓芳，2017）。理解这种系统演化的复杂性，需要融合交叉学科中的多种知识，构建起识别、诊断和分析社会–生态系统可持续发展问题的“共同语言”。

为了整合多种系统发展要素，分析动态演化过程，需要借鉴多种演化分析方法。这些演化方法包括韧性分析、系统动力学模型、智能体模型等。因此，我们整理了相关学科的分析方法，希望能帮助研究和深入理解社会–生态系统演化过程及其机制，见表 3-5。

表 3-5 系统分析的代表性方法及适用性

方法	概念	优点	不足	适用性
韧性分析	一个系统消化干扰，在应对变化时进行再组织，基本保证系统正常的功能、结构、特征和反馈效应的能力	表征社会-生态系统的纬度、阻力、不稳定性和泛结构等特征	表征指标筛选挑战性大；理论框架复杂；实践操作困难等	生态系统、社会系统、工程系统等演化趋势
系统动力学模型	应用系统动力学原理分析系统的结构、行为和因果关系，并模拟系统的动态变化所建立的动力学模型	可以模拟较大时间尺度上的生态社会经济复合过程等	信息反馈机制建立相对复杂，指标体系确立主观性较强等	系统的动态反馈行为及其未来趋势
智能体模型	一种用来模拟具有自主意识的智能体的行动和相互作用的计算模型	利用简单个体实现复杂的涌现行为；对变量进行精确而低成本的控制；综合了其他思想，比如博弈论、复杂系统、涌现、多智能体和演化计算等	使用门槛高，编程复杂等	生物学、商业、网络、经济学、社会学、环境科学等领域

3.6 气候经济评估

当前以气候变暖为显著特征的气候变化，呈现四个关键特征，即变暖趋势是非常明确的（unequivocal），影响范围是空前的（unprecedented），气候事件是极端的（extreme）和多数气候事件是不可逆的（irreversible）（IPCC，2021）。气候变化在全球和区域层面给生态系统、经济系统和人类社会带来了风险和深远的影响（IPCC，2022）。未来百年，遏制气候变暖的趋势，已成为全球决策者和研究者的共识。气候经济评估是在经济效率与公平原则下研究气候变化的规模、影响和实现气候保护目标的重要手段。气候经济评估主要体现在两个方面（潘家华和张莹，2021）：①以效率为核心分析实现气候保护目标的成本与收益，并提出各自认为具有经济效率的最优气候政策。核心问题主要包括：气候变化的影响和风险、GHGs 排放“负外部性”及其内部化、GHGs 排放与发展权益，以及控制 GHGs 排放的政策工具选择等。②以公平性、可持续性的理念分析 GHGs 排放权和经济社会发展权。相关的核心问题包括：碳排放历史责任的界定、碳排放额度的公平公正分配，以及一个有效益、有效率和平等的应对气候变化的全球方案。此外，探索气候变化的减缓和适应路径，减少气候变化所带来的负面影响，是未来应对气候变化的优先工作（IPCC，2023b）。

气候变化过程中，社会经济系统与自然系统相互耦合、互为反馈，所涉及的范围和领域非常广泛和复杂。为此，研究者们陆续开发出一些气候变化评估模型，按照形式可以分为自上而下模型、自下而上模型和混合模型。自上而下模型包括投入产出（IO）模型、可计算一般均衡（CGE）模型和计量经济模型等；自下而上模型包括能源系统核算模型和能源系统优化模型，如长期能源替代规划系统（LEAP）模型等；混合模型主要指综合评估模型（IAM）。此外，融合自然科学与社会科学研究，丰富和发展地球系统模式并实现其与综合评估模型的耦合，也是近年来的一个研究热点。

气候变化对社会经济影响的研究仍然处于起步阶段，缺乏行之有效指导实践的成果，主要体现在气候系统与经济系统的不稳定性、技术发展的不确定性、损害函数设定的随意性、贴现率取值的公平性和对经济主体异质性处理的不合理性等方面（Pindyck，2013；Stern，2013）。气候经济评估的代表性模型，见表 3-6。

表 3-6　气候经济评估的代表性模型及适用性

模型	概念	优点	不足	适用性
投入产出模型	通过构建真实系统的投入产出表，分析经济系统中各个部门之间商品和资金流动的分析方法	能够反映各部门或各类产品之间的经济技术结构和数量关系等	在假设、编制和优化上存在局限性；时间的滞后性；在新领域迁移使用困难等	应用于国民经济各部门和多区域技术经济联系、中间产品和环境负荷的核算
可计算一般均衡模型	基于一般均衡理论计算均衡解的模型。体现在多主体行为的一般性的假定、需求和供给的均衡性和可计算性	经济预测和政策效果分析的有力工具	不能提供有价值的预测工具；需要的数据复杂而难以获得等	应用于财税、金融、国际贸易、行业与区域经济、环境、能源与气候变化等领域
长期能源替代规划系统模型	能源–环境核算工具，基于情景预测不同发展条件下中长期能源供应、能源转换、能源终端需求及环境排放等	结构灵活，易于使用，包含丰富的技术和最终用户细节等	部分参数不易获得；预测指标设定不够精细等	能源需求和供应，能源消耗的环境、气候和市场影响，能源替代决策
综合评估模型	基于系统动力学特性而进行输入条件假设的计算模型。将经济系统和气候系统整合在一个模型框架（张雪芹和葛全胜，1999）	不同外部假设条件下以及多个因子的相互作用；不同情景下气候变化可能产生的影响等	无法进行具体的预测等	评估气候政策及其成本效益

3.7 小　　结

社会–生态系统转型发展过程中，人类活动日益扩张的资源消耗、环境足迹和气候影响，是可持续发展持续关注的关键议题。当前的研究方法在分析一些相互冲突、相互交织、时间跨度长的问题时依然存在困难。这需要在了解不同方法优缺点的基础上，通过方法组合和方法创新来理解新兴的社会生态问题。

本章所介绍的模型和方法在评价社会–生态系统时各有优势。实际应用中，如何合理地选择一种或者多种方法，评价社会–生态系统的某一方面，是一个见仁见智的问题。未来，加强跨学科、跨尺度、跨部门的科学框架及其方法论研究，科学认知社会–生态系统，将是长期的科学和实践挑战。

第4章

城市家庭代谢过程与绿色消费转型

消费是生产的驱动力，也是城市区域环境排放的主要原因。家庭消费的习惯、结构、水平和影响等因素，是了解城市区域代谢差异和制定区域发展规划的重要参考。然而，从微观群体消费代谢视角研究跨域问题的研究范式并不多见。因此，我们构建了城市空间概念框架，用于分析跨域的环境经济影响和环境管理。本章综合运用了能值分析方法（EMA）、碳足迹方法（CFA）、生命周期评估法（LCA）等理论和方法，探讨了城市家庭代谢过程对于绿色消费转型的启示意义。

4.1 研 究 背 景

城市范围内的代谢活动，是区域资源需求、环境污染物排放和 GHGs 排放的主要来源。到 2030 年，预计全球 60%的人口将生活在城市中（UNPD，2006）。实现区域可持续发展越来越需要考虑城市代谢的环境经济影响。在全球化背景下，城市系统代谢的环境足迹已经远远跨越了自身的行政区划边界，城市间跨域资源的转移和环境的相互影响引起越来越多的关注（Hillman and Ramaswami，2010；Jones and Kammen，2011；Shi et al.，2022）。

过往的城市代谢研究集中在传统的城市行政边界内（Hillman and Ramaswami，2010；Perrotti，2020），往往忽视了城市支撑区域的资源贡献和环境消纳。例如，城市消费了越来越多的能源和原材料，排放了大量的废弃物到外围支撑区域（Jones and Kammen，2011；Zhu et al.，2016）。然而，既有的城市系统可持续性评估并未打破传统固定的行政边界，对跨界的环境足迹考虑不足（Beloin-Saint-Pierre et al.，2017；Carréon and Worrell，2018）。在传统的区域管理框架内，确定环境责任很大程度上取决于具有法律效力的行政边界。因此，建立一个环境公平的、新颖的城市代谢分析框架迫在眉睫。

城市家庭对主要商品和服务的消费产生了直接和间接的环境足迹。为缓解环境气候压力，城市家庭消费成为城市代谢研究中关注的焦点（Churkina，2008；Wang et al.，2021）。如何确定源于家庭消费的环境责任，推动家庭消费转型值得关注（Matthews et al.，2008；Lenzen and Peters，2010）。

4.2 城市代谢研究进展

Wolman（1965）首次提出了城市代谢的概念，并逐步发展成为评估城市系统内能量和物质流动的有效方法，使人们了解到系统的可持续性和城市问题的严重性（Zhang et al.，2015a）。

与生物有机体的物质和能量代谢类似，城市可以被视为一个巨大的代谢“有机体”。在这个城市有机体中，不断吸收来自于其他区域的养分（即多样化的资源）来维持其运转。这些资源的消耗会产生代谢的副产物，即废弃物或污染物。这些污染物经过或者不经过处理排放到城市区域，都会产生或多或少的不利影响。这种城市代谢紊乱现象，如资源枯竭、环境污染、生态破坏等问题及其对其跨区域的影响，直接影响了城市可持续发展的潜力。因此，迫切需要对城市代谢进行理论创新和方法学研究（Zhang et al.，2015a）。

家庭作为城市的细胞单位，消费活动涉及资源输入、利用和副产品输出的复杂过程。这些过程通过物质流、能量流和信息流连接起城市核心区及其支撑区域。然而，家庭在城市代谢中的作用被长期忽视（Churkina，2008）。毋庸置疑的是，家庭代谢对于应对气候变化和实现区域可持续发展策略至关重要。深化对家庭消费的内容、强度、模式、跨域环境影响的了解，将有利于减少城市生态足迹，增强城市的可持续性（Hillman and Ramaswami，2010；Bibri et al.，2020）。这些研究经常采用先进的建模技术，但对跨域环境影响尚需深入分析。而且，基于行政边界的代谢分析并未反映跨域的环境足迹，这导致无法形成有效的综合管理策略（Jones and Kammen，2011；Klein et al.，2013）。

多样化的模型和方法已经用于家庭消费的多维度分析，跟踪其在不同领域产生的空间影响（Matthews et al.，2008；Zhang et al.，2015b）。这些方法包括 EMA、CFA、IO、LCA、EF 分析和损益分析等，研究了家庭消费活动的经济、技术和环境特征。其中，能值分析理论被认为是连接环境保护与社会经济发展的桥梁（Huang et al.，2006；Khan et al.，2021）。EMA 能解释代谢系统内的物质、能源和信息流动及其区域环境影响（Odum，1996）。能值集成方法通常利用自上向下的数据来研究城市代谢水平，较少使用自下而上的数据进行精细尺度的城市水平代谢研究。一些能值研究分析了城市家庭活动，例如，家庭食品消费、家庭建筑和住宅代谢（Druckman and Jackson，2008；Pulselli et al.，2009）。尽管能值分析了隐藏的环境消耗和系统的持续性，但无法评估污染气体排放的环境效应。碳足迹账户可以追踪给定地理空间的物质流过程中的总碳排放，但忽视了生态产品和服务的贡献（Druckman and Jackson，2008；Wiedmann，2009）。因此，一些研究人员尝试关联 EMA 与 CFA，在生命周期过程中评估原料加工和污染气体排放（Barala and

Bakshi，2010）。然而，家庭消费的研究往往很难开展，因为流入家庭的能量仅可以获得部分数据，而且家庭开支的统计数据往往是不完整的。此外，虽然家庭消费的本地环境影响可以较容易地估计，但随之产生的跨域环境影响经常被忽视。

城市家庭代谢研究提供了可用于跨边界环境管理和制定家庭消费策略的视角。EMA 与 MFA、FFA、LCA 等其他方法结合，可以有效量化物质和能量流动，分析次城市尺度的代谢过程及其环境气候影响，进而提升对跨域环境效应的理解。这些研究表明，提高城市代谢水平和效率意味着减轻其外围支撑区域的环境负担。

4.3 城市空间概念框架

在全球化背景下，来源于城市核心区域的能源和物质的需求、城市污染物的扩散、GHGs 的排放等环境足迹，已经远远超出了城市行政边界。为分析城市中心区及其支撑区域的复杂关系，有必要建立一个可以识别城市系统空间尺度上的物质流、能量流和信息流关系的概念框架。为此，我们提出了城市空间概念框架（urban spatial conception framework，USCF），见图 4-1。在此框架下，城市系统由城市拓展区（urban sprawl region，USR）和城市足迹区（urban footprint regions，UFRs）构成。

城市拓展区或城市建成区，是指一个具有中心连续城市形态的“物理足迹空间”。城市足迹区，源于生态足迹理论的启发，是满足城市人口的消费和废弃物排放所需要的“环境足迹空间”。城市足迹区作为城市系统不可或缺的一部分，与城市拓展区在物质循环、能量流动和环境废弃物处置方面保持着复杂的功能联系（Hillman and Ramaswami，2010；Broto et al.，2012；Yu et al.，2022）。城市使用的大部分资源和能源来自外围足迹区。城市足迹区广泛分布于城市外围区域，是城市外围的邻接或者飞地空间（Grydehøj and Kelman，2016；Saha，2022）。从功能关系的角度，城市足迹区是满足城市生产和消费的资源和垃圾堆放需求、城市资源剥夺、环境污染转移和气候变化影响的功能空间。城市足迹区与城市拓展区（即城市建成区）有机构成城市系统。从空间类型上看，城市足迹区由邻域与跨域两种类型组成。在城市系统中存在依附性、空间广泛性、联系多元性、角色多样性等特点。城市空间的划分有助于促进跨域代谢活动所引起的环境气候责任的划分。

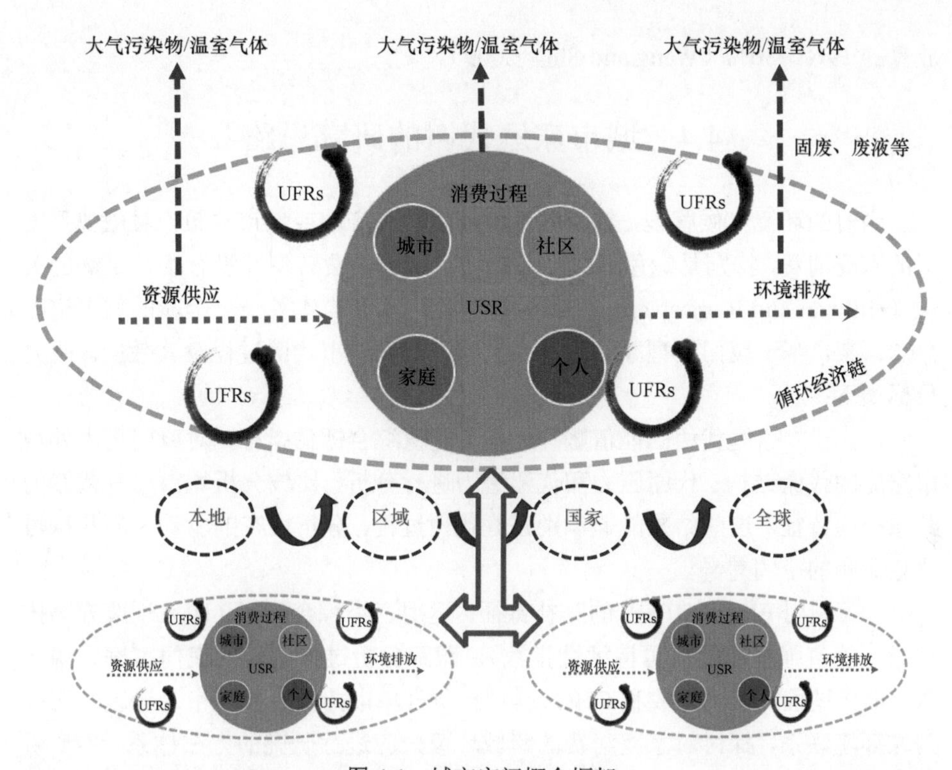

图 4-1　城市空间概念框架

图中，全球由多维关联的复杂城市系统构成。城市系统空间由一个 USR 和多个 UFRs 组成；城市代谢呈现不同的空间尺度特征。单个城市变化从个人、家庭、社区到城市尺度；全球系统形成本地、区域、国家到全球的尺度变化。代谢过程呈现明显的资源供应、消费过程、环境排放等生命周期过程。环境排放包括固废、废液、大气污染物和 GHGs 等

城市可持续发展的程度取决于拓展区及其足迹区之间合理的物质能量代谢关系。如图 4-1 所示，每个城市系统只有一个拓展区，但有多个邻接或者飞地的足迹区。城市拓展区是从城市足迹区吸收“营养”的异养子系统（半自养子系统），城市系统的渗透性和依赖性意味着城市拓展区的代谢活动不能依赖有限的内部城市空间（Gunawardena et al.，2017）。维持城市代谢所需的营养物质不断地从城市足迹区输送到城市拓展区，城市足迹区消纳城市废弃物及其他代谢物质。这些营养物质和代谢废物构成了城市代谢组分。

城市的代谢系统分为四个层级：个人、家庭、社区和城市。尽管家庭代谢的环境影响通常被忽视（Dipasquale et al.，2020），但家庭消费所产生的环境废弃物和 GHGs 影响却不能不引起重视（Liu et al.，2005；Jones and Kammen，2011）。据研究，1995～2004 年期间，我国家庭消费有关的 GHGs 排放占总排

放量的 19%～30%（Wang and Shi，2009）。

4.4 城市家庭代谢的研究思路

当前的环境气候管理，重点关注大尺度的生产端或城市政策，对微观尺度上的家庭消费，特别是绿色低碳导向的城市家庭消费转型并没有给予足够的关注（Hillman and Ramaswami，2010）。为此，本章构建了一个全新的城市空间概念框架，基于厦门典型家庭的代谢数据，阐释城市代谢过程及其效应。研究目标如下：

（1）建立家庭代谢的能值账户，基于能值综合评估指标，对厦门岛内外城市家庭的代谢结构、代谢压力和代谢潜力进行分析，比较分析城市家庭代谢的跨域空间特征。这些结果能够识别家庭代谢过程，分析内在的驱动机制和探讨代谢影响的空间差异。

（2）利用 EMA 与 CFA 的互补特征，运用三类综合指标（即人均废弃物排放量、能值强度和能值可持续性指数），跟踪分析过程基础的厦门家庭资源输入、消费过程、环境排放和 GHGs 排放，研究城市拓展区与城市足迹区之间的跨域环境联系，探讨对家庭消费的跨域环境效应进行研究的方法体系。本章研究将有助于理解家庭消费在低碳城市建设中的关键作用，从而推动家庭消费绿色转型和城市可持续性管理。

4.5 能值分析和碳足迹分析方法

4.5.1 案例区介绍

本研究以中国东南沿海城市厦门为案例。在过去的四十年里，厦门经历了快速的城市化和经济增长，导致家庭消费增加，资源和能源大量流入，包括大气排放物、废水和固体等代谢物在内的大量废物涌入邻近的城市足迹区。同时，随着城市居民消费结构的转变，资源供给格局和环境影响也发生了变化。

4.5.2 能值分析方法和能值账户

能值分析方法通常包括系统边界的确定、绘制系统流程图、计算年度能值流和设计适宜性的能值评价指标体系（Odum，1996）。自 20 世纪 80 年代以来，能值分析方法已被广泛应用于生态、工业和经济系统分析中，特别是城市领域。

Odum（1988）首先提出了能值分析理论，用来描述和评价生态经济系统中复杂的物质、能量和货币流动。能值是指用来生产产品或服务的可用太阳能（Odum et al.，2000），单位为太阳能焦耳（sej）。所有能值流可以通过物品的能量及其相关的能值转换率来定义。能值转换率是指产生一单位能量所需另一种能量类别的数量（Odum et al.，2000）。某一物质的能值转换率可以通过以下公式计算：

$$M=\mu\cdot E \tag{4-1}$$

式中，M 是产品的能值；μ是能值转换率；E 是可用能。

能值核算的一个优点是允许研究人员将不同计量单位的物质流（例如，物理材料的质量或体积、燃料的能量含量、资金流和信息流）转化为可比较的单位，进行综合分析。能值转换率因研究对象所在区域的实际情况而有所差异。能源核算基准线也从 9.44×10^{24} sej/a（1996 年计算）、15.83×10^{24} sej/a（Odum et al.，2000）修正为最新的 12.0×10^{24} sej/a（Brown and Ulgiati，2016）。关于能值分析的最新理论和方法，可参考刘耕源和杨志峰（2018）。

基于基本的 EMA 方法，我们计算了能值账户，并构建了能值结构、压力和潜力的综合评估指标体系，用于分析研究目标（1）。表 4-1 列出了城市家庭能值流动过程及其影响的空间。家庭代谢由 7 大类型、47 种能值类型组成，包括可更新资源（4 种，取最大的太阳能）；可更新产品（10 种，生活用水、建筑木材、粮食、蔬菜、植物油、水果、肉类、牛奶、鸡蛋和水产品）；不可更新产品（13 种，沙子、石头、铁、钢、铝、铜、水泥、砖、塑料、橡胶、玻璃、纸和沥青）；进口能源［8 种，包括通勤用汽油（私家车、出租车）、通勤用柴油（公交车）、休闲用汽油（私家车、出租车）、休闲用柴油（公交车）、购物用汽油（私家车、出租车）、购物用柴油（公交车）、电力（电动自行车、家用电器）、液化气和燃料空气混合物（电器、加热）］；输入服务（住宅服务）；废物排放［10 种，建筑垃圾、铁废料（电器、汽车）、废钢、铝废料、废铜、玻璃废料、橡胶垃圾、塑料垃圾、生活污水和房屋垃圾］和服务输出（薪水）。表 4-2 显示了厦门城市家庭代谢的能值评估指标。详细的信息参考 Yang 等（2012）。

表 4-1 2009 年厦门市家庭代谢的能值流及其跨域空间特征

代谢项目	能值/sej		空间划分
	厦门岛外	厦门岛内	
可更新资源（*R*）	1.19×10^{23}	3.24×10^{21}	Ⅰ
可更新产品（*G*）	2.26×10^{25}	2.40×10^{24}	Ⅰ，$Ⅱ_1$，$Ⅱ_2$
不可更新产品（*N*）	1.21×10^{22}	1.43×10^{23}	$Ⅱ_1$，$Ⅱ_2$
进口能源（*E*）	3.04×10^{21}	2.64×10^{21}	$Ⅱ_1$，$Ⅱ_2$
输入服务（*S*1）	7.48×10^{20}	8.15×10^{20}	Ⅰ，$Ⅱ_1$
输入总计	2.27×10^{25}	2.55×10^{24}	
废物排放（*W*）	3.32×10^{20}	2.23×10^{21}	Ⅰ，$Ⅱ_1$，$Ⅱ_2$
服务输出（*S*2）	1.69×10^{23}	1.76×10^{23}	Ⅰ，$Ⅱ_1$
输出总计	1.69×10^{23}	1.79×10^{23}	
代谢总量（*U*）	2.29×10^{25}	2.72×10^{24}	

注：为便于分析，我们将厦门分成城市拓展区（USR，厦门岛内区域）和城市足迹区（UFRs，厦门岛外区域）两部分。代谢活动的空间分类如下：Ⅰ为域内活动，$Ⅱ_1$指相邻 UFRs 的跨域活动，$Ⅱ_2$ 指飞地跨域活动。

表 4-2 厦门城市家庭代谢能值评估指标体系

能值指标		公式	厦门	
			厦门岛外	厦门岛内
代谢结构	进口能源比例	*E*/*U*	1.33×10^{-2}	9.70×10^{-2}
	进口货物比例	*G*/*U*	9.87	8.79
	进口不可更新产品比率	*N*/*U*	5.31×10^{-2}	5.26
	输入服务比率	*S*1/*U*	3.27×10^{-3}	2.99×10^{-2}
	能值自给比率（ESR）	*R*/*U*	5.19×10^{-3}	1.19×10^{-3}
	能值投资比率（EIR）	（*G*+*N*+*E*+*S*1）/*R*	1.09	785
代谢压力	环境负荷比（ELR）	（*N*+*E*）/*R*	0.128	45.1
	废弃物总能值比	*W*/*U*	1.45×10^{-5}	8.19×10^{-4}
	能值密度	*U*/area	1.60×10^{16}	1.93×10^{16}
	人均强度	*U*/person	2.44×10^{19}	3.28×10^{18}
代谢潜力	社会经济效率	*S*2/（*R*+*G*+*N*+*E*+*S*1）	7.46×10^{-3}	6.93×10^{-2}
	能值产量比（EYR）	（*W*+*S*2）/（*R*+*G*+*N*+*E*+*S*2）	7.44×10^{-3}	7.01×10^{-2}
	能值可持续性指数（ESI）	EYR/ELR	5.82×10^{-2}	1.56×10^{-3}

4.5.3 碳足迹方法和碳足迹账户

气候变化与人类活动排放的 GHGs 有关。城市家庭系统作为能源和资源消费中心之一，是直接和间接 GHGs 排放的主要贡献者。具体而言，直接 GHGs 排放与 USR 的家庭本地消费相关，而间接 GHGs 排放与从 UFRs 的资源输入和废弃物处置有关。因此，CFA 和 EMA 的互补可以评估在城市拓展区及其足迹区之间的源于家庭活动的环境足迹。研究评估了家庭消费在资源输入、资源消费和废弃物处置三个阶段的直接和间接的主要 GHGs（CO_2、N_2O、CH_4）排放。在 100 年尺度全球变暖潜力基础上，我们分别采用 IPCC（1995）推荐的缺省值（310 和 21），将 N_2O 和 CH_4 转化成二氧化碳当量（CO_{2e}）。

碳足迹的计算，本研究考虑了可更新产品（谷物、蔬菜、植物油、肉类和奶类等）、建筑材料（包括石灰、砖、水泥、玻璃、钢铁和木材等）、交通和家庭能源（汽油、柴油、液化天然气和管道煤气等）、家庭废弃物（固废、废水等）等在输入、消费和处置阶段的直接碳排放。相应的计算公式、排放因子和处理方式可以参考 Ngnikam 等（2002）、IPCC（2006a）、Ramaswami 等（2008）和 Yang 等（2013）。同样地，基于 EMA 和 CFA 的基本方法，我们计算了开采、消费和废弃物处理过程的厦门岛内家庭能值和碳足迹综合账户，用于分析研究目标（2）。图 4-2 显示了 2009 年厦门岛内城市家庭消费的能值—碳足迹账户及其环境足迹。

4.5.4 数据来源与处理

本研究使用的数据来自调查问卷、《厦门经济特区年鉴 2010》和行业规划文件。在调查问卷中，设计了 18 个问题和 30 个子问题，用于收集能源和食品消耗、建筑面积、交通方式、电器使用和产生的废物等信息。还从统计年鉴和行业规划文件中收集了有关材料和废弃物的境内或跨境流动的相应信息。

为获得有代表性的样本，根据人口密度、住宅类型和建房时期，预先调查选择了 46 个社区（厦门岛内区域 30 个、厦门岛外区域 16 个）。随后，在 46 个社区进行了三次（2009 年 10 月和 11 月，以及 2010 年 7 月）面对面的现场调查。问卷调查由研究生和本科生完成，他们调查前接受了调查培

EMA					CFA			
资源获取			消费过程		项目	资源获取	消费过程	足迹
项目	流入/(sej/a)	足迹	项目	足迹		GHGs/(kg CO_{2e}/a)	GHGs/(kg CO_{2e}/a)	
可更新资源(*R*)	2.40×10^{2}	USR	环境服务	USR				
可更新产品(*G*)	8.83×10^{22}	UFRs	饮食	USR	CO_2, CH_4, N_2O	4.04×10^{11}	4.64×10^{10}	UFRs
不可更新产品(*N*)	1.52×10^{24}	UFRs	建筑	USR	CO_2, CH_4, N_2O	4.14×10^{11}	—	UFRs
进口能源(*E*)								
交通燃料	1.94×10^{21}	UFRs	交通	USR	CO_2, CH_4, N_2O	6.52×10^{11}	6.52×10^{11}	UFRs,USR
加热燃气	8.45×10^{20}	UFRs	设备	USR	CO_2, CH_4, N_2O	4.82×10^{4}	3.14×10^{10}	UFRs
电力	7.71×10^{20}	UFRs	设备	USR	CO_2	6.84×10^{8}	—	UFRs
输入服务(*S*1)	8.15×10^{20}	USR	环境服务	USR				
废物处置						废物处理		
项目	流出/(sej/a)				项目	GHGs/(kg CO_{2e}/a)		
废物排放(*W*)								
固废	1.40×10^{21}	UFRs			CO_2, CH_4, N_2O	3.76×10^{8}		UFRs,USR
废水	2.42×10^{17}	UFRs			CH_4	8.95×10^{10}		UFRs,USR
服务输出(*S*2)	1.76×10^{23}	USR						

环境足迹类别：①可更新资源使用；②建筑产品损耗；③能源消费；④直接废物排放；⑤温室气体排放

图 4-2　2009 年厦门岛内过程基础的家庭碳足迹账户及其跨域环境足迹

①资源获取和消费过程：可更新资源（*R*）来自降雨（地势）；可更新产品（*G*）包括淡水、谷物、蔬菜、植物油、水果、肉类、牛奶、鸡蛋和水产品等；不可更新产品（*N*）包括石灰、砖、水泥、玻璃、木材、钢和铁等；进口能源（*E*），包括运输汽油、运输柴油、电力、液化天然气和加热燃气等；输入服务（*S*1）是住宅服务；②废弃物处置过程：废物排放（*W*）包括固体废物和废水排放

训。受调查者熟悉家庭消费的信息。调查共计收集了 1717 份问卷，其中 1652 份为有效问卷。

问卷调查结果显示，1652 个有效调查样本中，1291 个（78.15%）位于厦门岛内。厦门岛外家庭规模是 3.94 人，厦门岛内为 3.50 人。厦门岛外家庭平均月收入为 1936.17 元/人，低于厦门岛内的 2290.85 元/人。人口密度方面，厦门岛外为 656 人/km^2，远低于厦门岛内的 5886 人/km^2。

能值分析表中，可更新产品（不包括淡水和木材）的数据通过食品总支出、食品结构百分比（厦门市统计局和国家统计局厦门调查队，2010）、食品价格和人口获得。不可更新产品和废物排放（不包括生活污水和房屋垃圾）的数据参考了高莉洁（2010）。交通燃料的使用根据运输方式、旅行距离、燃料消耗和价格计算。最后，其余数据来自家庭调查数据。

4.6　厦门城市代谢研究Ⅰ：岛内岛外家庭代谢

4.6.1　厦门城市家庭的跨域代谢过程及其驱动力

家庭能值代谢的计算结果显示，厦门岛内的域内输入包括所有可更新资源、一小部分淡水和服务。结果表明，厦门大约有 98.74%的跨域能值输入和输出发生在 USR 和作为支撑区域的 UFRs 之间。来自 UFRs 的跨域输入包括奶产品和所有的燃料，占总能值输入的 25.72%。从 UFRs 的其他输入包括所有不可更新产品、大多数可再生能源产品和小部分输入的能量。除了少量的生活污水外，多数的输出是排入到邻近足迹区的代谢废物。因此，在厦门，USR 的家庭代谢活动通过跨域资源消费和废弃物处理对其足迹区产生了重要影响。

代谢结构反映了不同的家庭消费过程和内在驱动力。系统表现评估使用能值指标体系（表 4-2）。家庭代谢组分方面，厦门岛内外在输入产品比例方面表现相似。然而，厦门岛内比岛外有较高的输入能源，这可能是因为厦门岛内较强的社会经济活动消耗了更多的交通燃料。不可更新资源比例和服务比例越高，表明厦门岛内生活水平越高，而且建筑材料消耗和社区服务质量也越高。这主要是受到家庭变量的影响，如家庭收入，因为较高的可支配收入可以保证更好的生活质量。

能值自给比率（ESR）和能值投资比率（EIR）两个综合指标反映了内部环境（ESR）的当地可更新资源比例和外部环境（EIR）资源输入的比例。在区域范围内，较高的 ESR 表明一个更可持续的家庭代谢水平。表 4-2 显示，ESR 在厦门岛内（1.19×10^{-3}）比厦门岛外（5.19×10^{-3}）低很多，厦门岛内的 EIR（785）比厦门岛外的（1.09）高很多。这两个指标表明，厦门的 USR 为满足日常需求，对其 UFRs 的资源具有强烈需求。跨域交通和资源消费，如汽油、建筑材料和食品涵盖了大部分的能量流入，这意味着空间资源丰度和需求差异促进跨域资源转移。

4.6.2　厦门城市家庭代谢压力

我们通过四项指标来阐释跨域代谢的环境压力（表 4-2）。环境负荷比

（ELR）反映了不可更新产品和能源消耗所带来的环境压力，较高的 ELR 表示来自邻域或跨域 UFRs 的更多不可更新产品和能源输入以便维持家庭的活动。厦门岛内的 ELR（45.1）比厦门岛外的 ELR（0.128）高很多。废弃物总能值比反映了城市家庭代谢系统的环境污染程度，评价了废弃物的压力，即系统的负面环境影响。厦门岛内的废弃物总能值比（8.19×10^{-4}）相对于厦门岛外的（1.45×10^{-5}）要高，表明厦门岛内家庭对足迹区的环境影响更大。

能值密度代表了城市发展中的环境压力水平（Zhang et al.，2009），值越大则表明消耗更多的能值来维持家庭消费，因此将产生更大的环境压力。由于相对较小的面积和能值输入，厦门岛内的能值密度比厦门岛外大，分别是 1.93×10^{16} sej/m^2 和 1.60×10^{16} sej/m^2，这也反映了厦门岛内相对较高的能值输入。能值强度可以表明输入的可用能值所限制的人口承载力（Huang et al.，2006）。能值强度越高，意味着居民消耗更多的自然资源。岛外能值强度高于岛内，相应的值分别为 2.44×10^{19} sej/人和 3.28×10^{18} sej/人。这种差异体现了岛外具有较低的人口密度和大量可用的当地可更新资源。

作为异养型城市子系统，厦门岛内家庭消费的外部资源，如食物、淡水、水泥、燃料、天然气等，比岛外家庭对足迹区产生的环境压力更大。而且，大量的废水、生活垃圾和汽车废气排放到厦门的邻域足迹区。应采取更多措施，比如低碳策略和水重复利用，来控制城市家庭资源消耗所产生的污染。

4.6.3 厦门城市家庭代谢潜力

社会经济效率和能值可持续性指数（ESI）两个代谢潜力相关的指标反映了厦门城市的综合表现。社会经济效率显示了经济因素和代谢通量之间的关系（Zhang et al.，2009）。较高的社会经济效率表明，生产一定量的财富将消耗较少的自然资源。厦门岛内的社会经济效率是 6.93×10^{-2}，优于岛外的 7.46×10^{-3}。Brown 和 Ulgiati（1997）提出的 ESI 全面评估了一个生态经济系统的可持续发展程度。较高的 ESI 意味着对外部资源依赖较少。厦门岛内的 ESI（1.56×10^{-3}）比厦门岛外（5.82×10^{-2}）低，表明厦门岛内更依赖来自足迹区的外部资源、能源和燃料，导致城市拓展区家庭系统可持续性程度较低。

4.7 厦门城市代谢研究Ⅱ：岛内家庭代谢

4.7.1 厦门岛内家庭代谢的能值特征

能值账户显示，2009 年厦门岛内的家庭能值输入、消费和输出总计 1.52×10^{24} sej/a（图 4-2）。在输入和消费过程中，厦门家庭日常饮食、建筑、交通、能源和电器消费的资源、能源和环境服务占总能值的 90.05%。其中，最大的贡献源是建筑产品（87.33%，1.88×10^{18} sej/a）和可更新产品（2.39%，8.83×10^{22} sej/a），其次是能源（0.16%）、可更新资源（0.13%）和环境服务（0.05%）。在废物处置阶段，每年能值流是总能值的 9.95%，包括废物排放（固废和废水）和服务输出，分别达 0.08%和 9.87%。

为比较厦门岛内和北京天通苑居民区的相对环境压力和可持续性水平，我们选择了三个综合指标（Li and Wang，2009）。厦门岛内家庭的人均废弃物排放量是 1.68×10^{15} sej/人，小于 2009 年天通苑的 2.12×10^{15} sej/人。但厦门岛内家庭能值强度（1.88×10^{18} sej/人）远高于北京天通苑居民区（6.89×10^{15} sej/人）。能值可持续性指数显示了生态经济过程对跨域系统发展是否有益，并产生较小的环境压力。厦门岛内的家庭系统的能值可持续性指数为 3.18×10^{-3}，接近于北京天通苑的 2.48×10^{-3}。这表明厦门岛内和天通苑的家庭消费具有相近的环境压力和可持续性水平。

4.7.2 厦门岛内家庭代谢的碳足迹特征

我们计算了资源输入、消费和处置过程中的 GHGs 排放。厦门岛内家庭消费全过程的 GHGs 排放总量是 2.29×10^{12} kg CO_{2e}/a（图 4-2）。GHGs 的最主要的来源是移动能源，即交通燃料（私家车和公共交通），占总排放量的 56.93%。食物是第二大贡献源，占 GHGs 排放总量的 19.68%，这与食物种植过程中排放了大量 CH_4 和 N_2O 有关。其次，建筑材料的生产过程贡献了 18.07%。其他家庭活动的 GHGs 排放比例较小（<5.50%），包括废水、供热燃气、电力和固体废物。引人注目的是，本地直接排放 GHGs 只占总消费排放量的 31.86%。

在碳足迹账户中，家庭消费品的贡献程度，以 kg CO_{2e} 表示，见图 4-3（a）。交通燃料，包括汽油（1.71×10^{5} kg CO_{2e}/人）和柴油（1.40×10^{6} kg CO_{2e}/人），

是最大来源。其次是食品，第三大来源是建筑材料。最小的来源是加热天然气、电力、固体废物和废水。直接和间接 GHGs 排放总量反映了家庭消费活动的环境足迹。

2009 年厦门岛内家庭的各种来源的人均 GHGs 排放量如图 4-3（b）所示。CO_2 是最高贡献源（占总额的 77.39%）。第二个贡献源是 N_2O（18.52%）。最小的贡献源是 CH_4（4.09%）。2009 年厦门岛内家庭人均 GHGs 排放的域内（消费过程）和域外（开采和处置流程）来源如图 4-3（c）所示。GHGs 排放（主要是来自食品、建材、交通燃料、加热天然气、电力、固体废物和废水）在提取过程中人均为 1.77×10^6 kg CO_{2e}，在处置过程中人均为 1.08×10^5 kg CO_{2e}。GHGs 排放（来自食品、交通燃料和供热燃气）在消耗过程中人均为 8.79×10^5 kg CO_{2e}。因此，如果不考虑跨域的 GHGs 排放，排放总量将被低估。

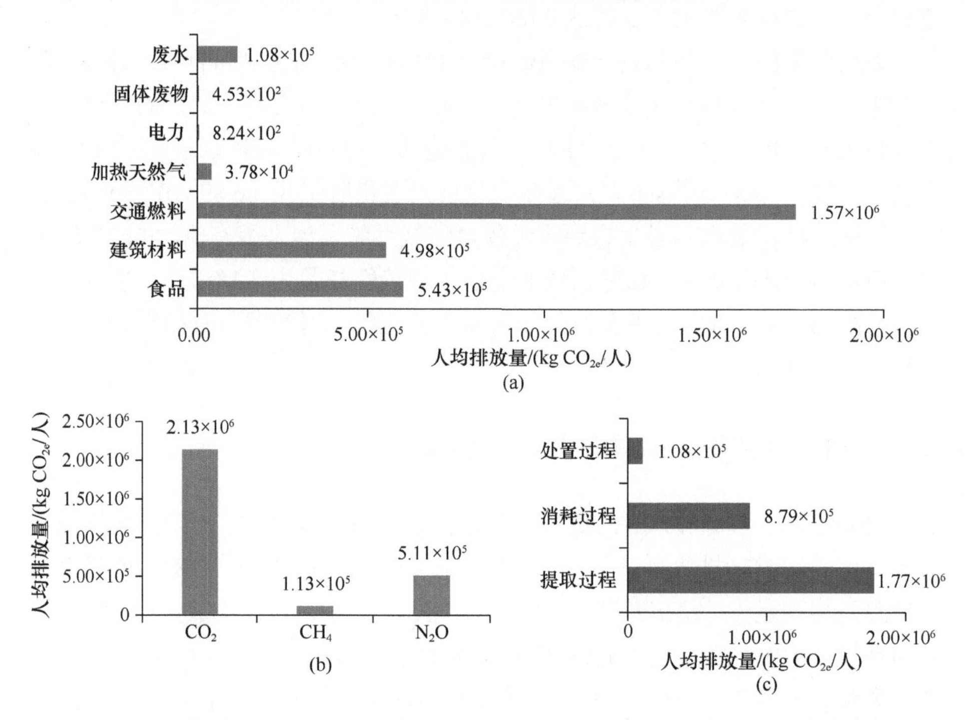

图 4-3 2009 年厦门岛内家庭按产品（a），温室气体（b）和过程（c）的人均排放量

4.7.3 厦门岛内家庭代谢的跨域环境压力

为研究家庭消费的跨域环境压力水平，各种主要跨域资源的使用、直接废

物处置和 GHGs 排放可以分为五类（图 4-2），分别是：①生态系统运行和日常饮食的可更新资源利用，包含域内的可更新资源和主要跨域产品，占总能值的 2.52%；②跨域输入的建设资源消耗，占总能值流的 87.33%；③域外输入的交通燃油、家庭电力和供热燃气，占总能值流的 0.16%；④输入到域外的固体废物和废水等相关的直接废物处置，占总能值流的 0.08%；⑤CO_2、CH_4 和 N_2O 相关的 GHGs 排放，包括域外资源输入过程的排放（64.22%）、域内消费过程的排放（31.86%）和域外垃圾处置过程的排放（3.92%）。因此，在城市空间概念框架内，EMA-CFA 的耦合方法能够量化分析家庭消费过程的跨域能值和碳排放。

4.8　城市家庭代谢的分析框架与可持续发展启示

4.8.1　城市空间概念框架

环境气候问题的全球蔓延，引起了国内外研究的跟踪关注。日益增长的跨域资源流和环境足迹使决策者在责任分配和环境合作方面很难达成一致，特别是基于固定的行政边界和边界限制的方法。本研究提出了城市空间概念框架，即城市系统由一个 USR 和多个 UFRs 构成。在这个框架下，跨域研究为分析城市家庭消费的环境影响类型、强度、空间范围提供了新视角，包括跨域框架、生命周期过程、空间尺度和代谢组分等在内的集成方法。通过量化某一环境因子（如交通燃料）的环境影响强度和范围，使得识别 UFRs 的弹性边界成为可能。这套方法丰富了当前跨域管理的方法，考虑了更为全面的环境资源清单及其跨域流动情况，完善了传统的自上而下的策略，指导了家庭消费的绿色低碳转型。

作为一个新概念，城市空间概念框架需要在实践中系统地改进和完善。如何确定一个城市对其足迹区的资源供应的依赖程度，以及对其足迹区环境的影响水平，在实践中存在一定的困难。除了资源剥夺、土地占用和环境污染扩散外，还应该考虑全球化过程、经济溢出、社会消费对生产的驱动和景观梯度等诸多跨界的要素过程，用来识别城市系统组分的跨域关系。比如，以废水等关键环境因子来确定 USR 及其足迹区的环境关系。此外，经典的定量模型，如引力模型和断裂点模型，曾用来尝试测量 USR 对其足迹区的影响强度。这些综合的视角，可以量化 USR 及其足迹区之间的环境经济关系。

与传统的腹地（Paterson，1983；Billen et al.，2009）、城市经济影响区（Chen，1987）、城市外围区（Aguilar and Ward，2003）、城市半影区（Aguilar and Ward，2003）等理论相比，城市空间概念框架源于全球化背景下城市区域的环境气候关系，并为环境经济的综合分析提供了全新的视角。相比其他类似的城市空间框架，如城市代谢系统框架（Zhang et al.，2009）和家庭能量代谢框架（Moll et al.，2005），城市空间概念框架将USR和UFRs视为城市系统的重要组分。这种理解，与全程耦合系统框架（Liu，2017）等异曲同工，将本地与全球的资源环境责任和可持续发展紧密连接起来，是真正的全球一体化发展理念。在这个框架下，通过量化环境经济组分的关系，来识别城市系统的结构合理性、功能稳定性、组织多样性等可持续性的关键问题。城市的环境责任，不再局限于传统的行政空间边界，而是更符合实际的弹性边界。而且，城市空间概念框架可以为诸多现实的环境经济挑战提供分析的视角，如国际贸易的环境气候问题转移、生态补偿、能源和水的跨界管理等。

4.8.2 城市家庭代谢的空间分异和价值链

采用能值指标分析的家庭代谢结构、压力和潜力，将有助于研究家庭代谢的驱动力、过程、影响、效率和可持续性在USR及其足迹区的空间差异。跨域资源流动的空间差异源于内部和外部的驱动力差异。例如，具有更高的教育水平、可支配收入和低碳意识的USR居民更倾向于实践环境友好的生活方式。较少的可用资源和较高的人口密度是USR对燃料和生活必需品需求的驱动因素。家庭代谢的组合驱动因素已在研究中做了阐述（Druckman and Jackson，2008；Hillman and Ramaswami，2010；Jones and Kammen，2011）。

USR比足迹区的家庭产生更多的资源和环境压力。这已通过指标ELR、废弃物总能值比、能值密度和能值强度做了阐释。在厦门，来源于足迹区的大量化石燃料和不可更新建筑产品输入到厦门岛内。与此同时，在厦门岛内家庭消费排放了大量的废气、污水和固体废弃物到足迹区，尤其是厦门岛外。值得注意的是，建筑废弃物在废弃物总量中占的比例最大，分别为厦门岛外的71.16%和厦门岛内的95.78%，这与Li和Wang（2009）的研究结果相似。ESI指标表明，USR的家庭更依赖于足迹区资源，表明USR需要提升可持续发展的能力。

4.8.3　城市跨域代谢的格局–过程–价值链

研究可以推论出城市跨域代谢的格局–过程–价值链。在这个隐含链条中，人类价值导向的消费过程对资源和环境具有很大的影响，相应的空间也随之改变。这形成了一个从资源（能源）供应到消费过程和废弃物处理的生命周期。其中，人类消费需求是关键的价值传递因素。例如，体现人类交通方式的选择（价值）将导致废物污染空间（格局）和燃料消耗（过程）的变化。USR 及其足迹区的消费偏好和模式的差异也将导致环境足迹区大小的变化。

4.8.4　城市家庭代谢的可持续性评价

可持续性的生态解释是，它是一个低耗生产、可再生利用和最小环境负荷的功能。一个过度依赖资源流入和外部环境缓冲空间的系统是不可持续的。本章中厦门 USR 比 UFRs 家庭有更好的社会经济效率。然而，Brown 和 Ulgiati（1997）研究表明，一个可持续的系统应该在实现经济收益的同时，产生较低的环境压力。ESI 是一个 EYR 和 ELR 相结合的指标，被用来测度系统发展的综合表现。本章中，厦门 UFRs 的 ESI 值高于 USR，表明 USR 的家庭更多依赖外部资源，并排放更多的污染物。因此，应该鼓励 USR 家庭采用更加可持续的生活方式，例如通过使用低碳的太阳能热水器来降低对外部能源的依赖。

4.9　城市家庭代谢的绿色消费转型

城市家庭代谢的跨域环境效应研究，有助于制定生产者导向、消费者导向、社会导向和城市规划导向的物质减量和绿色低碳的家庭转型政策。这些绿色低碳转型政策包括：①在社区建设和城市规划中鼓励低碳设计，例如优化建筑格局，使用节能建筑材料、建筑中利用太阳能和风能；②便利的交通供给和低碳交通模式，如优化道路交通布局、提高汽车排放标准、快速公交系统、巴士和出租车使用浓缩天然气等；③健康饮食模式，例如较少的海鲜和肉类；④更大范围个人、家庭和社区的绿色低碳行动。推动城市家庭消费的生态化选择、减量化利用、节约化使用、低污染排放等方向的转型。此外，鼓励多样化的绿色低碳消费行为，如乘坐公共交通工具上下班、使用太阳能热水器、上门废物收集、废水循环利用、固废回收和再利用；⑤促进跨境环境合作，如生命周期的废弃物控制、流域生态补偿和碳交易市场。这些策略旨在鼓励物质减量、能源节约和创新，以及引入低碳技术，将促进城市可持续发展和跨境环境合作。未来，在建筑材料、交通燃料、食物和生活垃圾等关键领域，实现物质减量、能源节约、行为低碳和循环经济，是城市家庭消费绿色低碳转型的重点。

4.10 小 结

全球的环境气候管理研究正在转向，即同时重视大尺度的生产端或城市政策，以及微观尺度上的家庭消费，特别是城市家庭消费的绿色低碳转型。为此，我们构建了城市空间概念框架，用来研究城市代谢的跨域环境气候影响。与传统的概念框架相比，此框架所确定的代谢组分、生命周期过程、空间组分尺度和跨域模式等在内的集成方法，更容易基于环境经济因子来界定弹性边界，进而分析跨域的资源剥夺、空间占用、环境污染转移、气候变化、国际贸易等问题。本章关于城市家庭代谢的跨域环境效应研究，揭示了城市消费代谢的格局–过程–价值链条，有助于制定生产者导向、消费者导向、社会导向、城市规划导向和跨域空间导向的物质减量和绿色低碳的家庭转型政策。

关于城市代谢的研究，还需要在以下方面进一步完善：①提升城市代谢理论研究水平，探索创新理论研究范式，建立起本地–区域–全球的分析路径，这对于理解全球尺度上的资源环境问题扩散和气候变化具有突出价值；②综合模型和方法的集成研究，需要整合 EMA、FFA、LCA、环境经济分析模型等，系统解析城市系统中物质流、能量流和信息流的结构、过程和功能，提升研究的深度和广度；③城市代谢的未来研究应与全球的地缘政治经济形势、国际贸易环境、文化背景及地理因素相结合，更多关注多尺度、复杂过程及不同层次要素间的相互作用，从而全面理解城市代谢的全球化背景和过程。

第5章

城市部门能源消费过程与节能低碳转型

城市规模的不断扩大导致对能源需求不断增长。然而，化石能源的高强度消耗，引起过量的 GHGs 排放和严重的环境污染扩散，这对城市的可持续发展造成了严峻挑战。本章运用 LEAP 模型，模拟宁波市六个部门（家庭、服务、农业、交通、工业和转换部门）的能源供应、能源转换和终端能源需求，及其产生的 GHGs 排放。进而，针对能源供应和部门实际情况，提出基于部门、燃料、时间线的宁波市节能低碳的转型路径。

5.1 研究背景

随着城市空间和人口的膨胀，城市部门的能源消耗成为全球 GHGs 排放的主要来源之一（Moomaw，1996），这引发了对能源–碳排放关系和低碳城市的深入思考。从碳源角度看，城市地区由于工业企业集中、建筑密集、交通燃油激增等特点，导致高能耗、高碳排放、高污染现象十分突出。因此，研究城市各部门节能、增效和转型路径，探索低碳城市建设模式，对通过减污降碳来提升城市发展质量具有重要的实践意义。

国家发展和改革委员会从 2010 年起先后启动了三批低碳省市试点。这些试点省市的选择基于地理环境的多样性、社会和经济的代表性、低碳建设的基础条件和对试点的兴趣等。宁波作为国家石油化工基地之一，2012 年被选为第二批低碳试点城市之一。同时，宁波具有发达的港口经济、典型的重化工业结构、高碳的能源消费结构等特点，使其成为制定城市部门低碳路线的典型参考案例。

5.2 能源碳排放研究进展

城市部门的能源碳排放和减排策略已有大量的研究。其中，一个研究重点是能源相关碳排放及其贡献者之间的内在关系，相应的研究方法包括可拓展的随机性环境影响评估（STIRPAT）模型（Wang et al.，2013；Su et al.，2020）、对数平均迪氏指数法（logarithmic mean Divisia index，LMDI）（Liu et al.，2021）、Kaya 指数方法（Mavromatidis et al.，2016），以及投入产出结构分解分析方法（IOSDA）（Chen et al.，2017）等。这些研究试图运用数学方法来探索减排的最佳途径，并找到经济增长与能源强度脱钩的解决方案。但是，简单的指数体现的部门 GHGs 排放差异与相关的技术经济关联信息是有限的。此外，多数研究更关注国家、大城市等宏观层面的案例（Kang et al.，2014；Yu et al.，2015）。

另一个研究重点是部门或区域能源 GHGs 排放的动态模拟及未来趋势预测。模拟的方法多采用自上而下、自下而上和混合型的综合能源经济模型。现有研究中，自上而下的模型主要有可计算一般均衡（CGE）模型，可以在宏观层面上考查能源活动和经济指数之间的关系（Lin and Jia，2018），但对能源生产和消费的技术细节描述相对缺乏（Wen et al.，2014）。自下而上模型有市场分配（MARKAL）模型（Ozawa et al.，2022）、系统工程优化信息模型（Messner and Schrattenholzer，2000）、长期能源替代规划系统（LEAP）模型（Abbas and Waqas，2020）和亚太地区综合评价模型（AIM）（Wen et al.，2014）等。这类模型可以对能源使用引起的环境影响进行宏观评估，并通过能源消耗和生产预测未来趋势。

总的来说，综合模型正在成为评估由能源消费引起的 GHGs 排放的首选方法。然而，在减少 GHGs 排放和更新能源结构来缩小与低碳城市目标的差距方面，现有研究还十分有限。面对全球性的气候挑战，中国的城市正面临着探索合适的低碳发展路径问题。一些研究对中国城市现有的举措进行了讨论。例如，城市低碳措施的有效性（郭沛和梁栋，2022）、低碳到无碳城市（Lehmann，2013）、中国低碳城市倡议（Lo，2014）、低碳城市物流配送网络（Yang et al.，2016）等。其中，大多数研究以城市的 GHGs 排放量为基础。

5.3 LEAP-Ningbo 模型

LEAP 模型是一个基于情景分析的能源–环境核算工具。它是一个自下而上的模拟模型，广泛用于跟踪能源需求和供应，分析系统的环境市场影响，并为 GHGs 减排提供替代政策（Liu et al.，2022；Zou et al.，2022）。可用于预测不同发展条件下中长期能源供应、能源转换、能源终端需求及环境排放（包括 GHGs 和污染物排放等）。

与自上而下和其他混合模型相比，LEAP 模型拥有灵活的结构，不仅易于使用，而且还包含丰富的技术和最终用户细节（Emodi et al.，2017）。使用者可以根据研究对象特点、数据的可得性、分析目的和类型等来灵活构造模型结构和数据结构，适用于能源数据不全的情况。在综合考虑能源消耗、转换和生产、人口、经济发展、技术、价格等一系列假设所得到的不同情景中，都可以用 LEAP 模型来分析能源消耗和 GHGs 排放，以提供基于能源情景和碳减排政策的 GHGs 排放核算。

目前，LEAP 模型已被全球多个国家和地区用于多个部门或单个部门的能源政策、气候变化减缓和环境污染物控制等方面的研究，或用于考察交通、建筑、电力、钢铁等各个细分领域新型技术的节能潜力（Wang et al.，2022；Zou et al.，2022）。掌握该模型不仅有助于能源系统评价、低碳节能发展技术研判等能源系统工程相关工作，也可为政府决策提供技术支持。

为了分析宁波城市部门的节能和 GHGs 减排潜力，本研究在 LEAP 模型的基础上构建了 LEAP-Ningbo 模型。该模型包括三个基本模块，即城市部门（包括家庭、服务、农业、交通和工业部门）的能源供应、能源转换和最终用途能源需求，并分析由此产生的环境影响（CO_{2e}，本研究包括 CO_2、N_2O 和 CH_4）。LEAP-Ningbo 模型的分析框架，如图 5-1 所示。

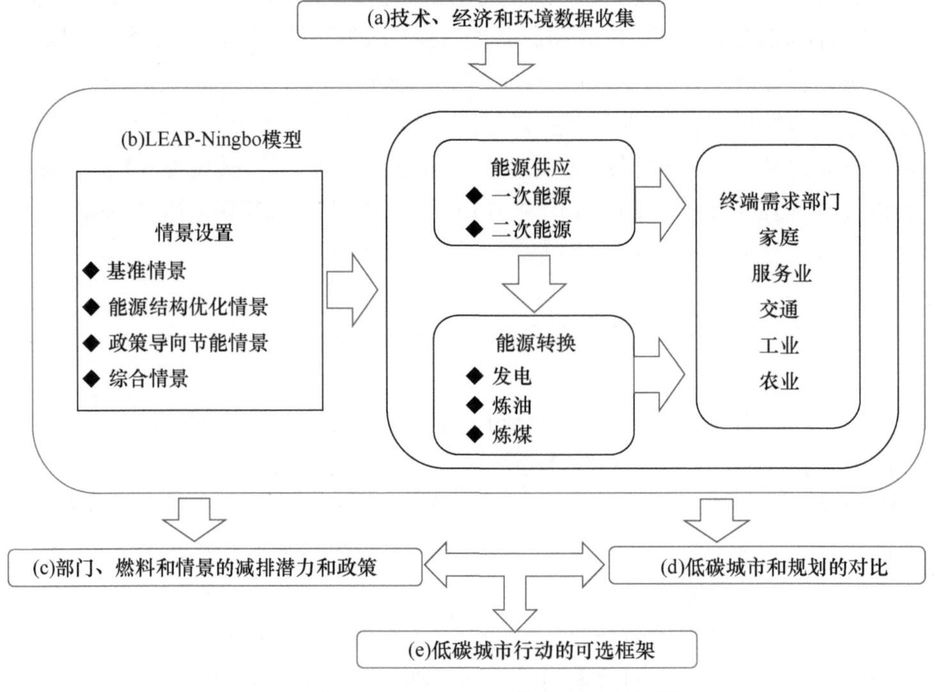

图 5-1 基于 LEAP-Ningbo 模型的研究流程图

情景分析能够了解预测时间内受不同发展条件影响的能源分配和 CO_2 排放趋势。该模型的情景设置包括四种：基准（business as usual，BAU）情景、能源结构优化（energy structure optimization，ESO）情景、政策导向节能（policy-oriented energy saving，PES）情景和综合（integrated，INT）情景。BAU 情景假设没有任何低碳政策和新技术来干预和降低能源使用强度和 CO_2 排放，目的是反映现有常规政策的实际情况。ESO 情景从能源结构调整的角度设计战略政策。PES 情景采用可行的节能政策。INT 情景将 ESO 情景与 PES 情景相结合，包括其他减碳实践采用的地方计划、政策中的所有节能措施。基于行业的政策选择和情景假设，如表 5-1 所示。

表 5-1 基于六个城市部门各情景下的政策选择和情景假设

情景	子情景	政策和措施	城市部门					
			家庭	交通	工业	农业	服务业	转换
BAU		不采取影响城市能源需求的行动	★	★	★	★	★	★
ESO	CES	到 2020 年，中心城区的天然气使用率达到 95%	★				★	
		到 2020 年，中心城区的液化天然气使用率达到 5%	★				★	
		到 2030 年，清洁能源的使用率增加 5 倍	★	★	★	★	★	★
	REU	到 2020 年，风力、水力、生物和太阳能使用率达到 32 亿 kW·h					★	★
	CHP	到 2030 年，能源利用效率提升，液化天然气使用呈比例增长，煤使用按比例减少 5%						★
INT	IES	淘汰落后产能，调整工业结构，节能效率提高 2%			★			
PES	TES	到 2020 年，推进公共交通，增加公共汽车数量，鼓励乘坐公共交通工具		★				
		能源利用效率提升，推进石油到天然气的转变，出租和公共汽车中液化天然气和压缩天然气燃料使用率上升，到 2020 年，公共汽车中天然气的使用率达到 90%		★				
	PSA	推进居民、商业、公共设施中节能装置的应用，到 2030 年，80%的家庭使用节能装置	★					

注：黑色五角星表示该部门使用了此类政策或措施。

LEAP-Ningbo 模型的关键基础变量如表 5-2 所示。研究以 2012 年为基准年，预测了上述四种情景下 2012～2050 年的能源需求、CO_2 排放和 GHGs 减排潜力。

表 5-2 LEAP-Ningbo 模型中的关键基础变量

变量	2012 年[a]	2020 年	2025 年	2030 年	2035 年	2040 年	2045 年	2050 年
人口数量/百万[b]	7.64	8.05	8.28	8.52	8.74	8.96	9.18	9.42
人口年增长率/%[c]	0.81	0.57	0.57	0.5	0.5	0.5	0.5	0.5
家庭规模/人[d]	2.47	2.47	2.47	2.47	2.47	2.47	2.47	2.47
家庭数量/10^6[e]	3.09	3.26	3.35	3.45	3.54	3.63	3.72	3.81
GDP/10 亿元[f]	658.22	1250.26	1837.04	2686.72	3857.14	5511.66	7730.39	10791.61
GDP 增长率/%[g]	8.4	8	7.75	7.5	7.25	7	6.75	6.5

a. 关键变量来自《宁波统计年鉴 2013》及宁波第六次人口普查报告；b. 本文中的人口数量指常住人口数量；c. 人口年增长率在 2012～2015 年为 0.81%，2010～2015 年为 0.57%，通过宁波总体规划（2004～2020 年）预测人口年平均增长率为 0.50%；d. 为计算简便，将家庭规模设置为 2.47 人；e. 当地总人口数除以家庭规模为家庭数量；f. 宁波 GDP 为当年价格；g. 不同时期的 GDP 增长率根据宁波“十二五”发展规划及总体规划（2004～2020 年）确定。

5.4 宁波城市部门的能源碳排放分析

5.4.1 能源消耗水平

2012～2050 年，四种情景的总能耗及其结构变化如图 5-2 所示。总体而言，2050 年前每种情景下的能源消耗都将稳步上升，但增长率不同。到 2050 年时，BAU 情景下总能耗将由 2012 年的 105.71 Mtce 增加到 449.72 Mtce，年增长率为 3.88%，在四个情景中最高。在 INT 情景下，由于采取了一系列节能措施和燃料转换技术，总能耗将在 2050 年达到 385.78 Mtce，比 BAU 情景减少了 14.22%。

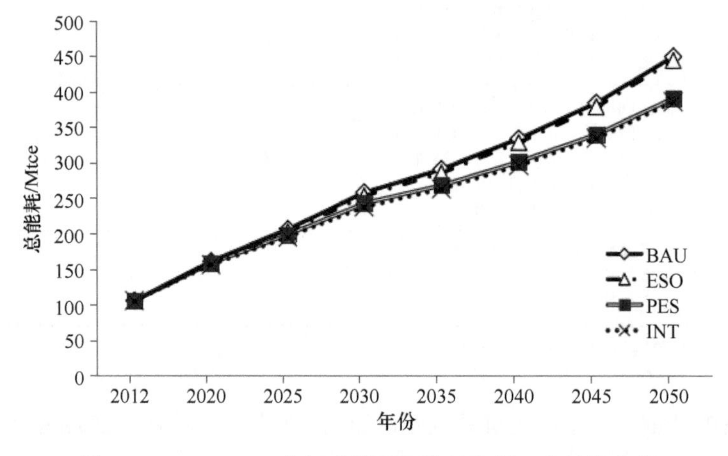

图 5-2 2012～2050 年四种情景下的总能耗及其结构变化

在部门结构方面，2012 年，BAU 情景的大部分能源消耗来自转换部门（62%），其次是工业（25%）、交通（5%）、服务业（4%）、家庭（3%）和农业（1%）。由于一系列能源结构调整和能源政策的出台，INT 情景的总能耗将是最低的。到 2050 年，转换部门的能耗预计将占 37%，能耗增长最多的是工业（35%）和服务业（25%）。

在四种情景的基础上，宁波市 GHGs 排放结果如图 5-3 所示。图中显示了 2012～2050 年四种情景下能源使用相关 CO_{2e} 的排放总量。在 BAU 情景下，排放量将由 2012 年的 150.2 t CO_{2e} 增加到 2050 年的 651.83 t CO_{2e}，年增长率为 3.94%。在 INT 情景下，2050 年 GHGs 排放量将达到 475.68 t CO_{2e}，年增长率降低到 3.08%。在 ESO 情景和 PES 情景下，排放量将在 2050 年分别增加到 589.17 t CO_{2e} 和 535.02 t CO_{2e}，增长率分别为 3.66%和 3.40%。显然，INT 情景下提出的政策和措施使得 2050 年 CO_{2e} 排放量减少了 176.15 t。

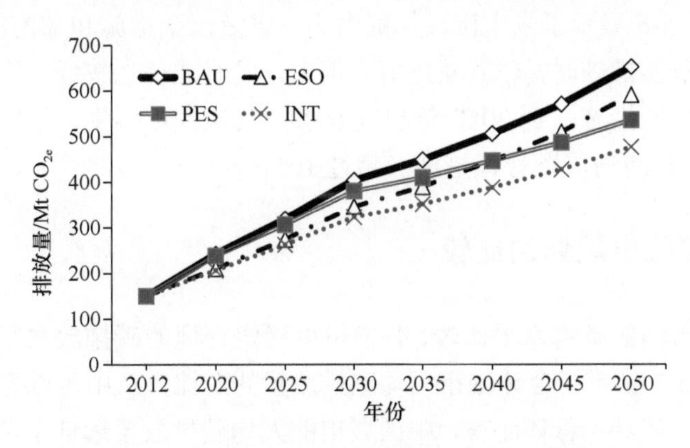

图 5-3 2012～2050 年四种情景下的 CO_{2e} 排放量

5.4.2 温室气体排放与减排潜力

宁波市的 CO_2 排放量随着当地 GDP 的增长稳步上升（与表 5-2 相比）。燃油消耗是碳排放的主要来源，随着电力和清洁燃料产生的碳排放份额的增加，燃油消耗量逐渐下降。2035 年之前，所有情景中占排放总量比例最大的都是转换部门（超过 50%）（图 5-4）。在 BAU 情景下，服务业和工业部门的排放量分别以 9.62%和 5.74%的年增长率增长，INT 情景与其相似，服务业和工业部门的年增长率分别为 9.61%和 4.54%。

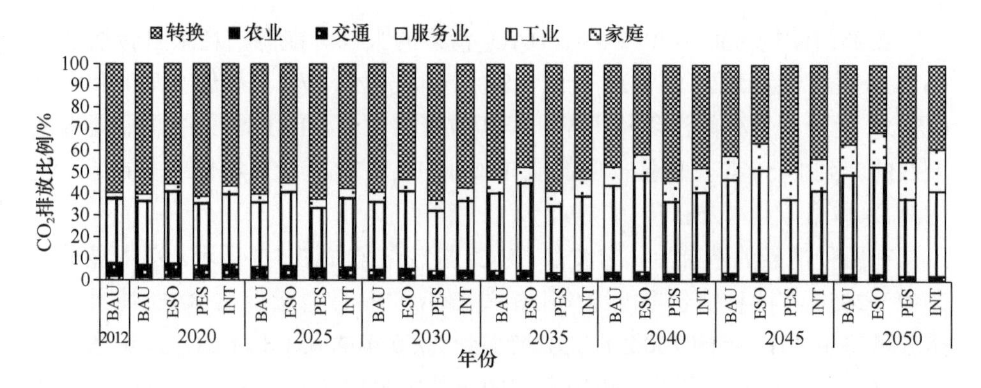

图 5-4 2012～2050 年四种情景下各部门的 CO_2 排放比例

此外，在宁波市节能潜力方面，随着各项节能政策措施的实施，INT 情景下宁波市的节能潜力将从 2020 年的 4.66 Mtce 逐步提高到 2050 年的 63.94 Mtce（图 5-5）。图 5-6 显示了未来碳减排的潜力，以及每个措施和部门的贡献份额。当采取所有节能措施时，CO_2 减排潜力很大，同时能耗也较低。贡献最大的是工业部门的节能措施，到 2050 年超过 60%。其次是可再生、新能源利用措施（超过 20%）和清洁能源替代措施（超过 10%）。

5.4.3 低碳城市规划的比较

通过城市间的碳排水平比较，我们可以确定合理的碳排放水平和可行的低碳政策。图 5-7 显示了全球城市人均碳排放量的对比，从中可以看出宁波市人均碳排放水平较高。总体而言，中国城市的人均碳排放量远低于美国城市，但

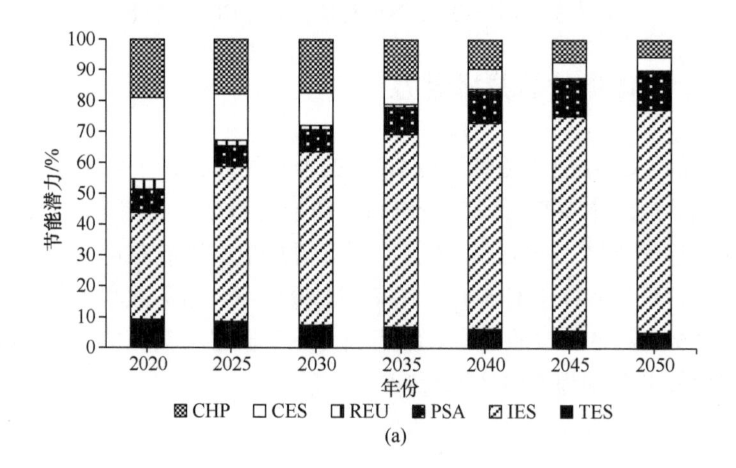

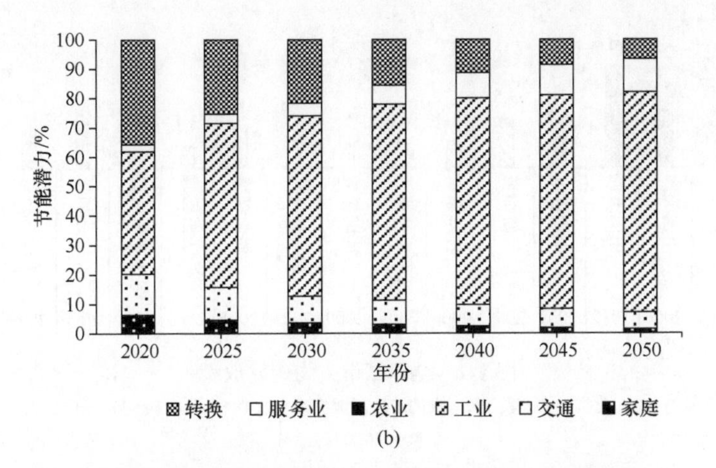

图 5-5　INT 情景下措施（a）和部门（b）的节能潜力

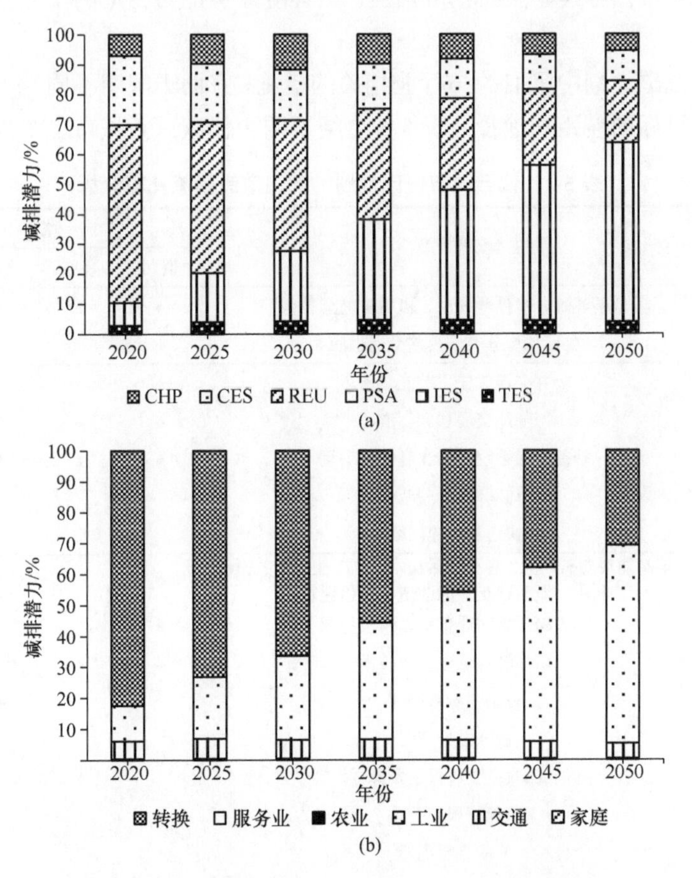

图 5-6　INT 情景下措施（a）和部门（b）的减排潜力

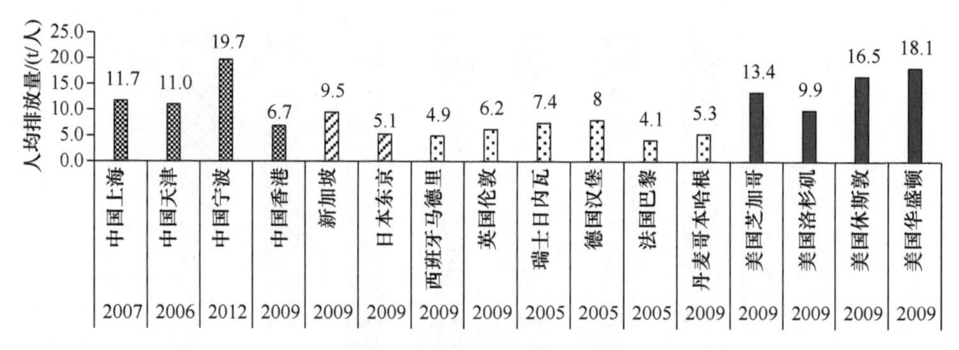

图 5-7 全球城市人均碳排放量

测算标准为宁波的 CO_2、北京的 C、厦门和南京的 CO_{2e}。数据来自文献 Shabbir and Ahmad（2010）和 Phdungsilp（2010）

高于欧洲城市，与其他亚洲城市相当。这种现象可能与当地的工业水平和能源结构有关。

确定低碳计划中采取的与行业相关的措施，有助于阐明不同地方政府界定实现低碳目标的差距和途径。表 5-3 总结了四个低碳试点城市七个部门的低碳

表 5-3 试点城市低碳规划的部门政策措施比较分析

部门	政策措施	城市			
		厦门	晋城	苏州	宁波
家庭	低碳建筑、水循环利用、可再生能源替代	♠	♠	♠	♠
	生活垃圾分类、公共交通供应	♠		♠	♠
交通	公共交通优先、节能环保车	♠	♠	♠	♠
	低速交通和人行道	♠	♠		♠
	智能交通系统、淘汰高能耗车辆	♠	♠	♠	
	交通基础设施和水路			♠	
	快递和物流网络			♠	♠
工业	改革高能耗高碳产业、淘汰落后技术、生产性资源的循环利用、既有建筑节能改造、绿色建筑	♠	♠	♠	♠
	回收跨区域产业体系、精装房屋	♠			
	新能源与低碳产业技术	♠	♠		♠
	战略性新兴产业			♠	♠
	做强主导产业			♠	
	回收城乡可再生资源		♠		
	节能管理与补贴	♠			
	节能照明电器	♠			♠
	建筑中的可再生能源			♠	

续表

部门	政策措施	城市			
		厦门	晋城	苏州	宁波
农业	采用低碳技术的现代农业系统		♠	♠	♠
	农副产品和垃圾的再利用		♠		♠
	可再生能源利用		♠	♠	
	节能农业机械			♠	
服务业	提高服务业占比	♠	♠	♠	♠
	航运物流、旅游展览、金融、商业、软件和信息	♠			
	旅游、现代物流、贸易		♠		
	高新技术、商务、文化创意、现代物流、消费服务			♠	
转换	提高清洁能源比例、降低煤比、节能低碳技术、能源效率	♠		♠	♠
	可再生能源、智能电网	♠	♠	♠	♠
	火电、煤层气		♠		
	洁净煤			♠	
规划	公共绿地、森林碳汇、碳排放核算	♠	♠	♠	♠
	土地整治、紧凑型城市	♠		♠	
	城乡建设规划			♠	
	低碳城市试点监管		♠	♠	
	低碳城市法律法规体系	♠			
	低碳办公系统			♠	
	碳排放交易系统、农田和湿地			♠	♠
	绿色城市中心	♠		♠	♠
	海洋碳封存技术	♠			♠
	流域生态修复、造林工程		♠		

城市规划政策和措施。虽然这些城市的主导产业各不相同，例如，厦门为旅游业、晋城为煤炭业、苏州为重工业、宁波为石化产业。但是，它们的低碳计划并没有充分体现产业背景和能源结构方面的差异，例如，基于市场的手段和服务业、交通、能源等方面的不同措施。此外，许多类型的战略缺乏时间表和具体目标，例如，在部门和企业中量化和分解总体能源和 GHGs 减排目标。这将是实现总体低碳目标的挑战。

5.5 城市部门能碳关系与节能降碳转型

能源消耗与碳排放存在一定的量化关系，而且与 GDP 的增长密切相关。

优化能源结构、提高能源利用效率是减少 GHGs 排放的可行方法。LEAP-Ningbo 模型的部门评估和预测表明，能源利用和 CO_{2e} 排放的主要部门为工业和转换部门，这与上述两个行业的高碳燃料消耗结构有关。因此，需要引入低碳能源（如生物质能、风能、太阳能等），以取代高碳燃料。此外，低碳能源的未来政策重点需要放在克服技术限制和经济约束方面。

低碳城市离不开部门节能降碳转型行动。对宁波市城市部门碳排放的分析结果表明，家庭是碳排放相对较少的部门之一。一方面可以在家庭中推广节能电器（如冰箱、空调等）；另一方面，鼓励使用清洁能源来取代煤炭。家庭部门的节能可以间接促进转换部门的减排。由于宁波目前的集约型工业化产业结构，其工业部门的减排潜力最大。有效的办法包括减少电力、煤炭和燃油的份额，分解区域碳减排目标来促进工业部门（如当地企业）创新能源技术，强调低碳和循环经济政策（如示范项目、制度框架和优先领域），提供财政激励、补贴、清洁发展机制（clean development mechanism，CDM）和全球气候基金等（Emodi et al.，2017）。交通部门需要建立一个更方便、更环保的系统。目前，我国以压缩天然气为燃料的出租车和公共汽车，以及电动车正在迅速普及。相对来说，太阳能和风能是最适合宁波的清洁能源。在转换部门中，需要降低煤炭在生产中的份额，利用可再生能源、清洁能源来实现理想的碳减排效果。农业与服务业在碳排放总量占比较少，减排潜力主要在于能源的替代，如生物质能源的发展、减少柴油使用等。

通过制定可实现的目标、明确的指导方针和详细的措施，在发展低碳城市方面发挥着至关重要的作用。尽管已将低碳领域作为优先对象，各个城市的低碳规划中依旧缺乏明确的、有时间限制的部门和重点企业目标。由于在经济活力、产业结构、能源强度和技术参与方面存在着区域差异，碳减排任务如何划分也尚不清楚。可以看出，地方政府更多地依赖行政、规划和法律措施，而不是市场导向的措施来实施低碳城市规划（Khanna et al.，2014），也并未重视缩小低碳目标和公众利益之间差距的途径。

此外，制定的政策应符合城市的发展背景，包括主导产业、发展阶段、当地经济水平、公众参与和低碳知识传播等。尤其是，经济结构对一个城市的 GHGs 排放格局有着举足轻重的影响。以产业结构为例，能源城市应该更加关注低碳导向的能源网络，而重工业城市则应更关注清洁能源替代和产业升级。对于旅游城市来说，公共交通、节能建筑和垃圾焚烧发电系统等是低碳城市规划考虑的重点。

与近年来我国提出的其他城市发展目标（如宜居城市、智能城市、韧性城市等）不同，低碳城市应对的是气候变化挑战，实现经济增长与高碳能源消耗的脱钩。这类城市为市民提供宜居空间，并拥有共同的可持续发展目标。人们对低碳目标了解过少会失去 CO_2 减排的广泛共同利益，如能源安全、生产力提高和生态系统服务功能增强等。

5.6 小　结

宁波的研究表明，与 BAU 情景相比，在三种政策情景（ESO、PES、INT）下，能源相关碳排放有很大的减排潜力。到 2050 年底，ESO 情景、PES 情景和 INT 情景排放量将分别比 BAU 情景低 10%、18%和 27%。其中，INT 情景在减排方面效果最为突出。部门能源使用与 GHGs 排放之间的高度相关性及其区域差异性，显示了节能减碳的努力方向，如低碳能源替代、集约节能政策、提高能源效率和工业转型。实现低碳城市目标需要有计划的行动和基于城市背景的规划策略。在城市低碳发展过程中不仅需要制定有针对性的社会经济策略，还要结合城市规划和空间优化，构建理想低碳的城市结构。

经济结构和能源政策方面的困难，如过时的产业技术结构、高碳能源和落后的能源设备，是中国建设低碳城市的挑战。目前的低碳城市规划在建设性细节方面还远远不够，如时限目标、城市规模基准、基于行业的排放清单和市场导向措施。因此，制定符合城市背景的合理低碳计划必不可少。实现低碳目标还需要更多方面的共同努力，如能源替代、产业重组、技术创新、地方包容和知识传播等。

第6章

城市废弃物处理过程与权衡管理转型

与城市废弃物有关的GHGs排放被认为是导致全球变暖的重要因素之一。然而，目前的城市废弃物管理面临着利益权衡和管理分级等挑战。本章以厦门城市废弃物为例，运用生命周期清单和情景分析相结合的方法，基于废弃物产生、运输和处置的过程分析，探讨了废弃物处理过程中的经济、技术和GHGs排放之间的权衡关系，构建了基于过程、部门、空间、时间尺度的废弃物分级管理模式。

6.1 研究背景

城市是区域环境污染物的重要来源。据估计，城市生产和消费引起的GHGs排放约占全球的70%（UN-Habitat，2016）。其中，废弃物行业产生的GHGs约占总体排放量的3%（IPCC，2014；Yang et al.，2017）。中国城市废弃物的生成量和处理量处于全球首位，相应的GHGs排放总量也在逐年递增，这迫切需要通过废弃物的有效管理来实现相关的减排目标（Guan et al.，2009；Liu et al.，2017a；Yang et al.，2013）。

近年来，我国废弃物管理相关政策出台数量大幅增加，从整体部署到目标推进，逐步细化，逐步完善。2017年，国家出台了《生活垃圾分类制度实施方案》，要求在2020年底前，我国第一批生活垃圾分类示范城市等先行实施生活垃圾强制分类。2019年，上海市出台《上海市生活垃圾管理条例》，是我国首次对生活垃圾管理问题实行强制性的规定。2020年，“十四五”规划中强调了全面推行循环经济理念，加强废弃物综合利用。

然而，当前的城市垃圾管理法规还面临着越来越多的利益相关者的权衡和等级管理的挑战，不同城市的废弃物组成、处理过程、相关的碳排放水平等差异较大。与发展中国家城市废弃物及其GHGs排放呈上升态势相比，许多发达国家的城市废弃物碳排放呈现稳定甚至下降的趋势（Hoa and Matsuoka，2017）。因此，研究城市废弃物相关GHGs减排潜力，对于发展中国家缓解和适应全球气候变化至关重要。

本章以第一批低碳试点城市厦门为例，采用生命周期清单和情景分析相结合的方法，研究1995～2050年城市废弃物相关的GHGs排放特征和趋势。通过对城市废弃物产生（预防与分类）、运输（收集与转运）和处置（处理与回收）过程的碳排放分析，探讨经济、技术和气候的权衡管理策略。

6.2 城市废弃物部门碳排放的研究进展

在城市废弃物部门碳排放研究方面，以往的研究总结了各种评估方法及其量化边界，包括碳交易方法、GHGs 清单和 LCA 等（Gentil et al.，2009；Mohareb et al.，2011；Anshassi et al.，2021）。碳交易方法与 CDM 项目相结合，为核算 GHGs 排放提供了成本效益分析（Singh et al.，2019）。IPCC 引入的 GHGs 清单，把消费后废弃物管理作为国家级的独立部门，提供了默认参数，以满足用有限数据进行个案研究（IPCC，1996，2006）。参照 IPCC 建议的方法，其他机构制定了本地的评估清单和 GHGs 排放因子（EEA，2013）。GHGs 清单方法只计算废弃物处理过程的碳排放量，而 LCA 则遵循废弃物产生、收集、运输到处置的系统流程（Friedrich and Trois，2011；Itoiz et al.，2013；Chen and Lo，2016）。因此，LCA 的范围需要详细的流数据，确保碳排放评估比 GHGs 清单更全面、更精确。

在上述方法中，LCA 为整个生命周期废弃物流提供了一种整体方法，并侧重于所有废弃物流的减排潜力。目前的研究强调了城市废弃物管制战略所实现的碳减排潜力，可将其分为与废弃物有关的三个过程，即废弃物产生、运输和处置。首先，废弃物预防策略（包括最小化和再利用）通过废弃物的更少淘汰和生产替代模式，以及避免废弃物运输和处置的投入来减少碳排放（Cleary，2014；Wang et al.，2015；Magazzino and Marcello，2022）。其次，废弃物运输的 GHGs 排放减少主要通过优化收集路线，提高垃圾收集和运输效率来实现（Joseph and Gunaratne，2022）。最后，考虑到废弃物处理是废弃物相关碳排放的主要来源，最完善的管理包括废弃物处理（Islam，2017；Nguyen et al.，2021）和废弃物资源回收（即作为二次材料和能源）（Chen，2016；Van der Hulst et al.，2022）。已有研究为从废弃物产生到最终处置的生命周期过程中的 GHGs 减排提供了整体管理策略。然而，在废弃物处理相关策略中，权衡往往被忽视。

分析减碳方案中废弃物产生、运输和处置过程的权重和权衡仍具有很大的挑战性。总的来说，多数研究者关注城市生活垃圾，忽视了废水和农业垃圾。对废弃物碳排放的影响因素、时空格局等方面研究还不够深入。此外，与废弃物有关的 GHGs 排放的缓解途径更多地侧重于废弃物单一减碳过程，特别是废弃物处置（Liu et al.，2017a）。许多研究对城市中单一固体废弃物的碳排放进行了分析，但较少关注从产生到最终处置过程中的多种废弃物类型（Liu et al.，

2017；Dong et al.，2017）。这仅提供了关于城市废弃物及其碳减排潜力的整体管理的有限信息。此外，还需要进一步探讨废弃物管理和低碳城市目标中废弃物碳减排潜力的建模问题。

6.3 废弃物温室气体排放的评估方法

生命周期，又称生命循环或寿命周期，是指产品从“摇篮”到“坟墓”的周期过程，包括原材料开采、加工、产品制造、运输、使用、再循环和作为废弃物处理等。生命周期评估法（LCA）是综合评估产品、技术、服务在生命周期过程中潜在的环境影响的有效方法。通过量化产品或服务的环境影响和资源消耗，可以自下而上地测量城市运转过程。LCA 最早由环境毒理学与化学学会（Society of Environmental Toxicology and Chemistry，SETAC）于 1990 年提出，并在 1993 年正式发布了 LCA 的第一个方法指南。

根据 LCA，本研究将厦门市废弃物管理的边界划分为三个基本过程［产生（包括预防和分类）、运输（包括收集和转运）和处置（包括处理和回收）］、四个关键部门（工业、市政、旅游和农业部门）、两种废弃物类型（固体废弃物和废水）和两个空间（厦门岛内和厦门岛外）。由于厦门旅游产业发达，城市部门的废弃物和旅游废弃物将分开来考虑。

废弃物链的上游产生废弃物，包括上述四个关键部门垃圾预防和分类过程中的所有种类。在废弃物链中游，会将垃圾收集、运输过程中垃圾车燃料消耗产生的 GHGs 排放纳入考虑。下游是指垃圾处理和回收过程，垃圾处理过程中的 GHGs 排放包括直接处理程序（如固体废弃物的填埋和焚化）及相关设施运行产生的间接电力使用，但会考虑到二次原料和废弃物回收转化为能源的替代效应，即将废弃物转化为能源和材料。

研究设计了四种情景：基准（BAU）情景、废弃物减量（waste reduction，WAR）情景、废弃物处置优化（waste disposal optimism，WDO）情景和综合（INT）情景。BAU 情景基于厦门废弃物处理的 CO_2 排放现状及当前政策，为其他情景提供参考基准。WAR 情景限制产生的垃圾数量（通过减少消耗或加强重复利用），并增大垃圾回收力度来减少废弃物量。WDO 情景的关键假设是实行低碳废弃物处理和循环利用，根据厦门的政策设定：如提高焚烧率、推进垃圾填埋气体回收、发展垃圾焚烧发电等。INT 情景结合了 WAR 情景和 WDO 情景，包括减少废弃物产生和收集的方案，以及优化废弃物处置的措施。

本研究在四种情景下模拟了 2020 年、2025 年、2030 年、2035 年、2040 年和 2050 年厦门市废弃物相关的 GHGs 排放。表 6-1 为 2005～2015 年年度废弃物增长率的基本假设。以 BAU 情景和 WDO 情景为基准，根据厦门的规划，WAR 情景和 INT 情景中限制了工业和市政部门的垃圾增长率。这一基本假设用于估计四个关键部门的废弃物变化。为了进一步减少废弃物数量，针对 WAR 和 INT 两种情景设计了垃圾收集率（即收集过程中的垃圾回收率），如表 6-2 所示。表 6-3 比较了填埋和焚烧两种垃圾处理方式的四种情景差异。

表 6-1　废弃物产生的关键变量的基本假设　（单位：%）

关键变量	区域	年增长率	
		BAU 情景和 WDO 情景	WAR 情景和 INT 情景
工业 GDP	厦门岛内	11	10
	厦门岛外	11	10
旅游人数	厦门岛内	13	13
	厦门岛外	16	16
居民人数	厦门岛内	6	1
	厦门岛外	6	3
农业废弃物数量	厦门岛外	4	4
牲畜数量	厦门岛外	–7	–7

表 6-2　废弃物收集假设　（单位：%）

部门固体废弃物	区域	WAR 情景和 INT 情景下的垃圾收集率			
		2020 年	2030 年	2040 年	2050 年
农业	厦门岛外	80	80	80	80
市政及旅游	厦门岛内	17	20	22	23
	厦门岛外	13	15	17	20

注：①农业废弃物指农用薄膜。②废弃物回收率=可回收废弃物率×废弃物回收覆盖率。③工业部门的可回收废弃物由企业和工厂进行交易。

表 6-3　废弃物处理假设　（单位：%）

项目		BAU 情景和 WAR 情景	WDO 情景和 INT 情景			
		2020～2050 年	2020 年	2025 年	2030～2045 年	2050 年
填埋区气体回收率		50	90	95	100	100
焚烧率	工业	37	40	40	60	80
	市政及旅游	37	80	90	100	100

注：①2020 年开始采用垃圾焚烧发电，可为焚烧厂提供 20%的电量。②工业危险废弃物焚烧率 100%。③市政及旅游部门的垃圾焚烧策略基于近期出台政策。由于缺乏工业废弃物规划，未来的工业废弃物处理行动以废弃物管理现状、成本和技术为基础，以保持一定数量的填埋区气体回收为目的。

6.4 厦门城市废弃物处理的碳排放特征

6.4.1 组分基础的碳排放特征

表 6-4 显示了 1995～2015 年厦门各部门和废弃物类型的 GHGs 排放。1995～2015 年，废弃物相关的 GHGs 排放呈上升趋势，废水和固体废弃物排放的 GHGs 的年增长率分别为 7.13%和 2.18%。旅游部门的 GHGs 排放量增幅最大（13.83%），而农业部门的 GHGs 排放量呈下降趋势（–0.84%）。2015 年，旅游部门以 99.25 kt CO_{2e} 的排放量，超过工业部门（77.35 kt CO_{2e}）和农业部门（58.35 kt CO_{2e}），成为第二大废弃物 GHGs 排放源。这些结果表明，厦门市 GHGs 排放随废弃物类型和部门的变化而变化，这种变化与牲畜规模的减少、旅游和外来人口的增加，以及产业规模的扩大有关。

表 6-4 厦门市各废弃物组成 GHGs 排放情况 （单位：kt CO_{2e}）

废弃物组成		废弃物相关 GHGs 排放				
		1995 年	2000 年	2005 年	2010 年	2015 年
废弃物部门	工业	28.8	32.91	53.58	84.45	77.35
	旅游	7.44	21.13	42.53	67.91	99.25
	市政	274.57	317.15	364.08	523.47	491.35
	农业	69.02	83.67	113.31	98.89	58.35
废弃物种类	固体废弃物	321.37	371.11	445.26	580.09	494.5
	废水	58.47	83.74	128.24	194.62	231.81

总体而言，在厦门市人口增长和经济增长的背景下，固体废弃物和市政部门（主要是家庭）是废弃物 GHGs 排放的主要来源。此外，由于旅游人口的快速增长，预计旅游部门的排放将变得越来越关键。

6.4.2 过程基础的碳排放特征

表 6-5 列出了废弃物相关 GHGs 的排放情况。GHGs 碳排放的最大来源是废弃物处理，占总量的 95.68%，包括直接处理（89.71%）和间接处理的电力消耗（5.97%）。其余 4.32%的碳排放来自废弃物收集和转移的运输过程，1995～2015 年年均 GHGs 排放为 25.69 kt CO_{2e}。

表 6-5 中详细列出了废弃物直接处理过程［即固体废弃物填埋（27.31%）、废水处理（25.30%）、农业废弃物处理（8.04%）和固体废弃物焚烧（21.77%）］的二氧化碳排放份额。研究期间，固体废弃物焚烧和废水处理的 GHGs 排放分别增长了 3.19 倍和 2.53 倍。固体废弃物填埋和农业废弃物处理排放分别下降了 15.89%和 30.84%。明显的，固体废弃物焚烧逐渐成为碳排放的重要来源，从 2005 年的 6.59%到 2015 年的 21.77%，这与厦门市固体废弃物焚烧政策和行动的实施密切相关。相反，由于固体废弃物填埋量的减少和填埋气体（如 CH_4）的回收利用，固体废弃物填埋的碳排放量占比逐渐下降，从 1995 年的 62.08%，下降到 2015 年的 21.77%。

表 6-5 厦门市各时间段废弃物相关 GHGs 排放情况 （单位：kt CO_{2e}）

废弃物 GHGs 排放相关过程		废弃物相关 GHGs 排放				
		1995 年	2000 年	2005 年	2010 年	2015 年
运输	燃油消耗	16.31	17.57	20.82	37.74	36.02
直接处理	填埋	235.80	269.61	262.87	364.62	198.33
	焚烧	—	—	35.44	57.66	147.85
		—	—	2.34	4.10	10.27
	废水处理	13.79	22.42	51.72	59.27	72.02
		38.86	47.44	55.52	95.76	113.9
	农业废弃物处理	2.15	3.34	4.79	6.03	7.26
		34.46	43.16	64.19	56.94	30.16
		32.41	37.17	44.34	35.92	20.94
	小计	357.47	423.14	521.21	680.29	600.73
间接处理	电力消耗	6.04	14.14	31.48	56.69	89.56

注：点状底纹表示 CO_2 排放；灰色底纹表示 CH_4 排放；斜线底纹表示 N_2O 排放。GHGs 包括 CO_2、CH_4、N_2O 等。

6.4.3 空间基础的碳排放特征

厦门市废弃物碳排放空间格局如图 6-1（a）所示。厦门岛外碳排放约占总量的 52%，略高于厦门岛内的 48%左右。在部门贡献方面，厦门岛外和厦门岛内各不相同。工业和农业活动在厦门岛外的碳排放量中所占份额较大，而厦门岛内的市政和旅游部门所占份额较大。厦门岛内的碳排放量从 1995 年的 171.06 kt CO_{2e} 上升到 2015 年的 373.53 kt CO_{2e}，平均上升率为 3.98%。值得注意的是，厦门岛外从 1995 年的 208.78 kt CO_{2e} 上升到 2015 年的 352.78 kt CO_{2e}，这是由于环境法规的执行导致了工业废水的减少。

图 6-1（b）提供了碳排放强度和密度，反映了厦门岛内外人均碳排放和单位面积碳排放的差异。结果表明，1995～2015 年厦门岛外年均碳排放强度略高于厦门岛内。总体而言，厦门市废弃物碳排放存在明显的空间差异，且与经济增长、人口规模和土地面积相关。特别是厦门岛内，作为城市化程度最高的地区，以仅约 10%的占地排放了近 50%的温室气体。

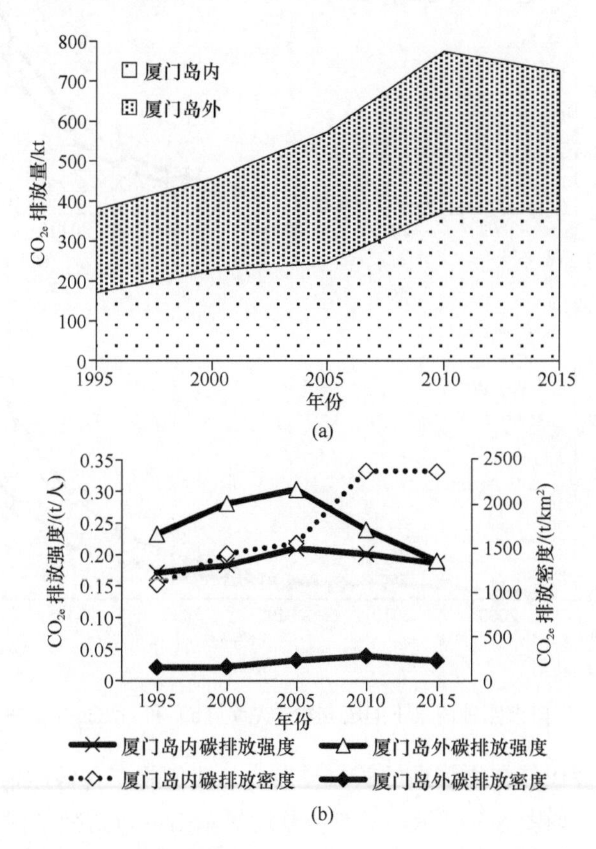

图 6-1 厦门废弃物碳排放空间分布（a）、强度与密度（b）

6.4.4 情景预测的碳排放特征

图 6-2 所示，2015～2050 年，BAU 情景和 WDO 情景下的废弃物年增长率为 9.49%，WAR 情景和 INT 情景下的废弃物年增长率为 8.93%，而 1995～

2015 年的废弃物年增长率仅为 4.39%。2015～2050 年厦门市废弃物相关 CO_2 排放也呈上升趋势，年均增长率为 8.86%（BAU 情景）、8.42%（WDO 情景）、6.90%（WAR 情景）和 6.61%（INT 情景），较 1995～2015 年（3.29%）增长了 2 倍以上。

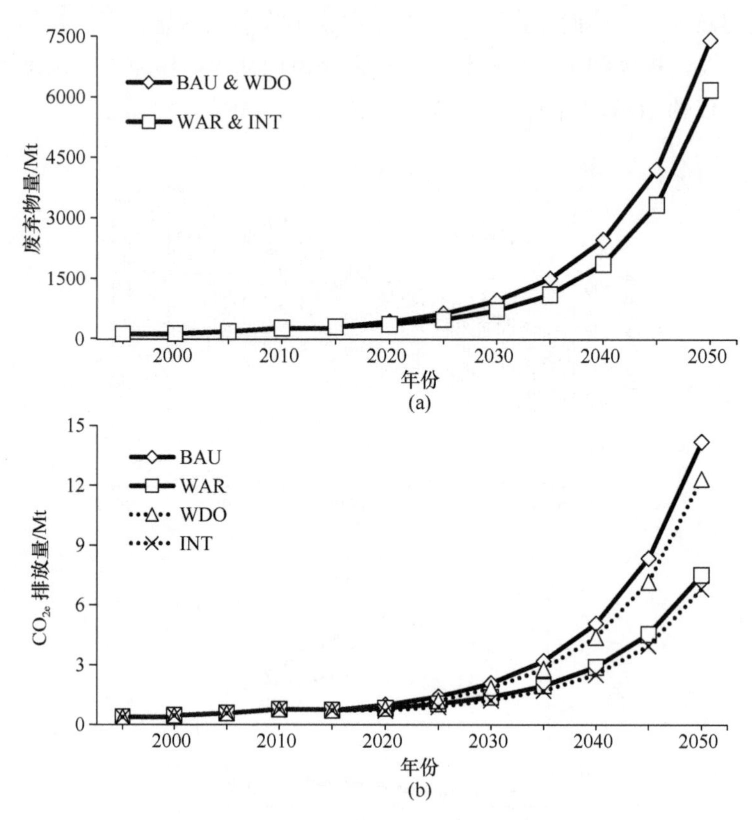

图 6-2 厦门市四种情景下的废弃物产生量（a）和 GHGs 排放量（b）

为了说明替代废弃物管理的碳减排潜力，我们将三种低碳情景与 BAU 情景进行了比较，如图 6-3 所示。所有情景均显示出各自的减排优势，由大到小依次为 INT 情景、WAR 情景和 WDO 情景。

由于替代效应，WDO 情景有利于减少废弃物回收的碳排放，但在所有情景中，WDO 情景的废弃物间接处理碳排放量最大，2050 年排放 1.29 t CO_{2e}，这表明厦门的废弃物处置策略有待进一步优化。由于垃圾收集速度的提高和垃圾产生速度的减缓，WAR 情景在交通运输（2050 年减少 0.087 t CO_{2e}）、

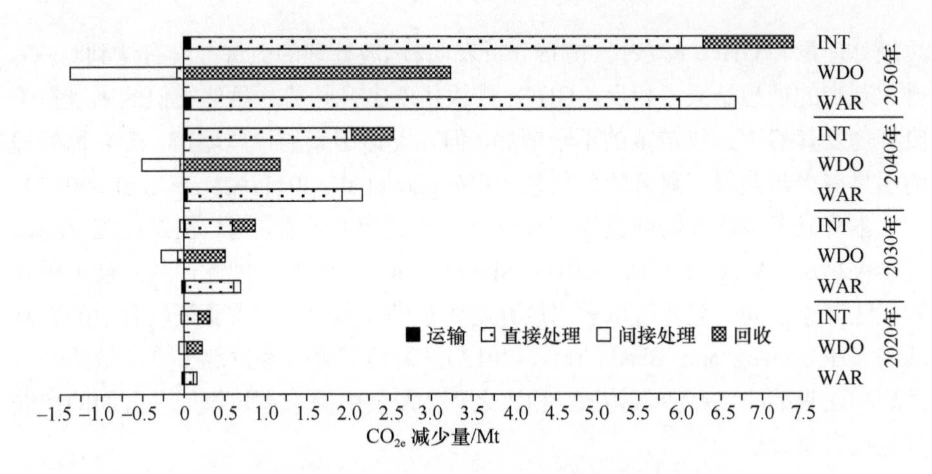

图 6-3 厦门三种情景与 BAU 情景的减排潜力比较

废弃物直接处理（2050 年减少 5.92 t CO_{2e}）和废弃物间接处理（2050 年减少 0.68 t CO_{2e}）方面取得了进步。然而，WAR 情景缺乏回收行动，无法产生相关的减排效益。INT 情景将所有减排方案结合如下：交通运输（与 WAR 情景相同），废弃物直接处理（高于 WAR 情景、WDO 情景 0.02 t CO_{2e}、2.20 t CO_{2e}），废弃物间接处理（高于 WDO 情景 0.56 t CO_{2e}，低于 WAR 情景 0.19 t CO_{2e}）和废弃物回收（高于 WAR 情景 0.50 t CO_{2e}，低于 WDO 情景 0.78 t CO_{2e}）。

值得注意的是，在废弃物回收过程中，由于废弃物减少和废弃物回收策略之间的权衡，INT 情景的减少潜力并不如 WDO 情景。换句话说，废弃物的减少限制了垃圾焚烧的数量，从而减少了发电带来的碳减排效益。综上，通过四种情景的比较发现，在碳减排方面，厦门市采取减少废弃物（废弃物产生预防和收集废弃物）的行动要优于垃圾焚烧和垃圾焚烧发电。

6.5 城市废弃物管理的环境经济权衡关系

6.5.1 城市废弃物与碳排放的关系

厦门城市废弃物碳排放量的增加，主要与人口扩张、城市化进程加快和经济快速发展有关。由于旅游人口和城市人口快速增加，约占 10%城市核心区面积的厦门岛内排放了近 50%的碳。情景模拟的结果也表明，在 WAR 情景和 INT 情景中，控制废弃物的产生可以减少碳排放。较高的垃圾收集率意味着较低的垃圾处理量和 GHGs 排放量。情景分析表明，垃圾处理的改进并没有达到 GHGs 排放减少的理想结果，相反，GHGs 排放呈现上升趋势。虽然类似的困境在于废弃物及其 GHGs 排放量的不断增加，但在发达国家的一些城市，废弃物处理的明显减少却获得了显著的替代效应（Vergara et al., 2011；Marchi et al., 2017）。

本研究发现废弃物数量与碳排放量呈现正相关关系，这与在发达国家的研究结果相反（Vergara et al.，2011；Marchi et al.，2017）。因此，从发展中国家和发达国家之间的差距可以看出废弃物管理的层次性，这需要采取有效的减碳战略（Hoornweg and Bhada-Tata，2012）。发达国家已经发现了更高效的垃圾处理和回收战略以减少碳排放，相比之下，发展中国家在垃圾处理方面的控制措施仍有待改进。

6.5.2 城市废弃物管理的系统边界

基于 LCA 过程分析和整体性评估，废弃物碳排放过程可以简化为连续的流动过程。例如，Gentil 等（2009）提出的上游–运行–下游的框架，以及在大多数研究中采用的包括产生、收集、运输、处理和回收的过程（Friedrich and Trois，2011；Itoiz et al.，2013；Chen and Lo，2016）。然而，确定废弃物相关 GHGs 排放的边界仍充满挑战。在本研究中，如垃圾发电、填埋气体回收等措施的碳减排量没有被纳入研究结果中。如果这些间接排放的替代效应被纳入结果的话，废弃物相关的减排潜力将有更大的提升空间。

当能源或材料从废弃物中转化出来，并取代其他来源时，往往会出现替代效应（Astrup et al.，2015）。目前，废弃物的再利用是废弃物管理的一个重要部分，特别是在废弃物的循环和回收方面。因此，当废弃物被转化为资源时，有必要具体分析替代效应。需要整体性研究来弥补统计规则的不足，例如，废弃物的交易、废弃物资源的再利用和替代材料。

6.5.3 城市废弃物管理的权衡关系

城市废弃物的整体管理战略需要考虑到各种利益相关方（例如公民、国家和企业）的合作，这意味着需要在收置安全性、社会经济可行性、技术可用性、管理有效性和环境友好性之间进行权衡（Zotos et al.，2009；Cucchiella et al.，2013；Zaman，2014）。目前，废弃物管理已经提出了控制废弃物产生、改善垃圾运输和处理等相关的措施，未来还应当推进交易和成本效益分析，来降低管理的经济成本，并提高环境效益。

实践中，需要规范废弃物的过程管理来达到低碳目标，但常出现需要权衡的情况。如图 6-3 所示，首先，由于垃圾回收的进行，INT 情景和 WDO 情景之间的比较揭示了减少废弃物数量和垃圾回收策略之间的权衡关系。在厦门，减少废弃物的产生量比改善垃圾处理方式对减排更有帮助。其次，各种替代技术之间的权衡引发了进一步的思考，如焚烧率的提高会降低 CH_4 的回收效益，垃圾填埋场数量增多将失去从垃圾焚烧中回收能源（如电力、供暖）的减排潜力。

基于上述权衡分析，我们确定了厦门市碳减排的优先级别，即废弃物产生量的减少优于废弃物填埋；填埋气体回收优于垃圾焚烧和发电。对废弃物管理来说，并没有完美的减排策略，特别是在现有技术和经济利益的平衡困境中，可行的解决办法往往需要以当地的实际情况进行动态调整。

在废弃物相关减排的可行方案中，垃圾回收，特别是垃圾向能源的转换（焚烧、共燃、热解和气化）是低碳和可再生能源政策的重要组成部分。但由于能源生产、运输的高成本和技术障碍，将垃圾转换为能源是一项重大的挑战（Kothari et al.，2010；Astrup et al.，2015）。比如，技术最可行的气化，是英国垃圾回收技术中成本最高的一项（Yap and Nixon，2015）。厦门市需要在具体的情景中调整垃圾填埋和焚烧的比例，或使用 LCA 对垃圾回收进行评估，进而确定双赢的决策。

6.6　城市废弃物管理的环境经济权衡转型

可以说，解决废弃物碳排放问题的单一策略目前并不存在。因此，在城市废弃物管理中需要采取废弃物流的生命周期过程调控。在厦门，废弃物量的减少被认为是最有效的低碳控制策略，具有社会经济和技术可行性的优势。减少市政（特别是家庭）和旅游部门废弃物的产生量将是厦门的优先工作。社会低碳行动中应减少物质浪费，如控制过度包装、减少食物浪费和鼓励重复利用。此外，根据废弃物类型（如可回收垃圾、有害垃圾、厨余垃圾）建立废弃物分类机制是有效的途径，特别是在市政和旅游部门中。其他缓解途径，例如选择生物柴油或生物乙醇，废弃物收集和转移的运输路线优化等，都值得在未来的废弃物管理中探索。

在垃圾处理过程中，厦门市宜降低垃圾焚烧率（从而提高垃圾填埋率），来提高垃圾填埋气体回收量。减少废弃物相关 GHGs 排放的另一种可能性是通过垃圾填埋气体回收的 CDM 为废弃物管理部门改善环境提供资金。对废弃物进行资源化利用的垃圾回收是厦门市减排的重要途径。在未来的废弃物管理中应该考虑权衡取舍，例如，技术经济上可行的、高效的服务，公众参与和利益相关者方面。此外，应该在废弃物处理过程中坚持更多的节能和回收技术，例如，加工后的残留物和副产品的再利用。

6.7 小　　结

城市废弃物管理被认为是有效缓解气候变化和环境污染的重要途径。大部分发达国家在废弃物管理方面普遍采取强制性的法律制度，这与发展中国家存在着一定差异。探讨废弃物的来源、组成、处置，以及未来的趋势，对确定废弃物相关的低碳管理政策具有重要意义。

本章通过分析废弃物相关的生命周期处理过程及其空间特征，揭示了厦门市废弃物相关碳排放的管理模式。此外，预测了厦门 2020～2050 年间三个情景（WAR、WDO、INT）下的减排潜力。结果表明，在 1995～2015 年，垃圾处理、固体垃圾，以及市政部门是碳排放的主要来源。对比来看，垃圾焚烧和旅游部门的碳排占比提高，而垃圾填埋和农业部门占比下降。此外，厦门的废弃物相关碳排放强度及密度存在较大的空间差异。在四个情景下，厦门市 2015～2050 年的废弃物相关碳排放都将增加，但增长率有所不同，分别为 8.86%、8.42%、6.90%和 6.61%。

近几十年来，我国相继出台了一系列废弃物管理相关的法律法规，但废弃物管理仍然存在缺少实施细则、资金投入不足、居民参与积极性不高等问题。城市废弃物量大面广，涉及品种多，其碳排放的组成成分、时空格局复杂，需要从多个方面进行系统管理。目前，厦门市的垃圾分类政策效果初步显现，下一步管理重点应放在优先垃圾焚烧、减少垃圾填埋和权衡技术经济管理等方面。

第 7 章

社会代谢过程与城市区域生态转型

基于土地利用类型空间的社会代谢反映了社会经济的内在需求和外在影响。然而，已有文献中从土地利用角度阐释社会代谢过程的研究鲜见。本章构建了表征代谢结构、密度、强度和效率的能值评估指标体系，阐释了社会经济代谢水平与土地利用空间之间的关系，构建了环境导向、社会导向和跨域导向的城市区域生态转型策略。

7.1 研究背景

自从代谢概念提出以来，代谢被广泛引入到城市生态、环境、地理的研究中（Kennedy et al.，2007）。特别是自21世纪以来，城市代谢成了国内研究的热点。城市系统要素通过物质循环、能量流动、信息交换及多种理化过程，形成一个连续的具有内在联系的新陈代谢过程（宋涛等，2013）。城市核心区及其足迹区的共同演化，使城市系统表现为具有内在代谢过程和外溢代谢效应的超级有机体（Yang et al.，2013；Kılkış，2022）。城市系统的代谢潜力将会改善应对区域环境变化与持续性挑战的能力（杨德伟等，2011；Seto et al.，2012；Lucertini and Musco，2020）。

城市代谢研究较多关注代谢组分在空间组分中运移发挥的作用（Zhang，2013；Van Broekhoven and Vernay，2018）。作为能量汇合和耗散的中心，大多数城市都出现了对周边足迹区的代谢组分需求增加的趋势。评估这些经济代谢活动对城市空间的差异性影响，可以帮助理解城市系统可持续性水平（González et al.，2013；Haberl et al.，2019）。城市代谢的增加也意味着更密集的跨界环境效应，如资源消耗、土地占用、环境退化和污染转移等。由此产生的结果是城市核心区与外围足迹区之间的环境冲突加剧（Broto et al.，2012；Narain and Roth，2022）。如何减少城市核心区及其足迹区之间发展的不平衡，以实现一个更可持续的未来是当前面临的挑战。值得注意的是，很多模型和方法尝试弥合城市可持续发展的理论知识和实践之间的差距，包括能值分析方法（EMA）（Lou et al.，2015）、生命周期评估法（LCA）（Ingrao et al.，2018；Maranghi et al.，2020）、网络分析（Ilieva and McPhearson，2018；Tang et al.，2021）、集对分析（Su et al.，2013）和基于热力学的方法（Liu et al.，2013；Maranghi et al.，2020）等。

当前研究正关注从土地利用/覆被变化的角度阐释社会经济代谢（Seto et al.，2012；Xia et al.，2019；Wei et al.，2022）。其原因在于，环境经济复合系统的持续性不仅依赖于城市代谢的内在过程，而且依赖于土地利用的变化（Long et al.，2021）。社会需求经常影响和改变土地覆被类型，这种趋势导致能源消费的加速及生态系统的退化。EMA 将社会经济代谢与土地利用变化联系起来，提供了一个可统一比较的物质流账户。然而，与能值研究相关的两个方面需要进一步地改进：一方面，通过不同空间单元的横向对比和不同时间尺度的纵向对比来界定城市可持续性。物质流和能量流分析的一个重要缺陷是无法直接判断可持续的程度及其变化（Zhang，2013）。另一方面，需要改进阐释城市代谢空间差异的方式，以及识别空间相关的技术途径来维持代谢过程。这些是相当重要的，因为很多生物物理方法，往往不能将结果和实际空间连接起来。

近年来，快速城镇化和工业化发展过程中出现了资源短缺、生态环境破坏、经济增长质量不高等诸多问题，这与城市代谢的失调密切相关。因此，深入分析城市社会经济代谢的内在过程，客观地认识城市新陈代谢的机制，是实现城市可持续发展的核心议题。本章在城市空间概念框架基础上，引入 EMA 来研究城市社会经济代谢的空间差异及其可持续性；提出一套表征代谢结构、密度、强度、效率的能值指标体系，来阐释社会经济代谢活动与土地利用空间之间的关系；研究结果将有助于开发城市规划的替代方案，理解城市可持续性及促进区域的可持续转型。

7.2　研究方法和数据来源

7.2.1　案例区介绍

厦门位于中国东南沿海，是中国第一批四个经济特区之一。1980 年起，厦门岛内实施特殊的经济政策，最近几年，随着政策空间的拓展，厦门岛外区域的城市建设强度迅速增加。1987～2007 年间，厦门城市拓展区（USR）从 $3.42\times10^7\ m^2$ 增加到 $2.49\times10^8\ m^2$（表 7-1），大量农业用地转变为建设用地（表 7-2）。同时，作为中国第一个低碳试点区，厦门在社会经济发展的同时积极推动环境保护工作。以厦门市的城市代谢为研究对象，可以洞察城市政策演变和城市空间拓展过程中城市代谢水平的变化，为提升我国可持续城市代谢水平提供政策优化依据。

表 7-1 厦门市 1987～2007 年基本情况统计

类别	城市空间	1987 年	1992 年	1997 年	2002 年	2007 年
人口/人	厦门市	1.07×10^6	1.15×10^6	1.25×10^6	1.37×10^6	2.43×10^6
	USR	4.02×10^5	4.83×10^5	5.70×10^5	8.22×10^5	1.14×10^6
	UFRs	6.65×10^5	6.70×10^5	6.77×10^5	5.50×10^5	1.29×10^6
面积/m^2	厦门市	1.93×10^9	1.93×10^9	1.93×10^9	1.93×10^9	1.93×10^9
	USR	3.42×10^7	5.27×10^7	1.11×10^8	1.19×10^8	2.49×10^8
	UFRs	1.90×10^9	1.88×10^9	1.82×10^9	1.81×10^9	1.68×10^9
GDP /美元	厦门市	3.80×10^8	1.27×10^9	5.97×10^9	6.20×10^9	2.24×10^{10}

表 7-2 厦门市 1987～2007 年土地利用变化情况

城市空间	土地利用类型	面积/m^2				
		1987 年	1992 年	1997 年	2002 年	2007 年
城市足迹区（UFRs）	海域	3.31×10^8	4.25×10^8	3.35×10^8	3.70×10^8	3.24×10^8
	淡水体	2.71×10^7	2.19×10^7	3.28×10^7	3.37×10^7	3.22×10^7
	农村建设用地	4.40×10^7	5.85×10^7	7.21×10^7	7.52×10^7	1.22×10^8
	耕地	7.29×10^8	8.57×10^8	7.29×10^8	6.59×10^8	4.43×10^8
	林地	6.58×10^8	5.07×10^8	5.42×10^8	6.00×10^8	6.67×10^8
	潮滩	1.10×10^8	1.10×10^7	1.12×10^8	7.53×10^7	9.70×10^7
城市拓展区（USR）	荒地	1.07×10^7	1.64×10^7	4.97×10^7	2.39×10^7	8.63×10^7
	城市建设用地	2.35×10^7	3.64×10^7	6.15×10^7	9.52×10^7	1.62×10^8

7.2.2 能值评估指标体系

为了评估城市代谢，过往研究中提出了很多能值指标（Huang et al.，2006；Zhang et al.，2009）。整合这些成熟的评价指标将有助于描述和量化跨域能量代谢过程。我们基于厦门市 1987～2007 年的代谢能值核算数据进行能值核算（表 7-3）。能值核算中，代谢组分由 9 大类、55 种能值种类组成，具体包括可更新资源（7 种，取最大的地球自转能）、不可更新资源（1 种，土壤侵蚀）、当地农产品（10 种，包括谷类、蔬菜、甘蔗、食用油、水果、肉类、蛋、乳制品、渔产品和木材）、农业消费（2 种，用电和柴油）、农业污染物（3 种，磷肥、农药和化肥）、居民消费（3 种，用水、用电和天然气）、进口产品和服务（14 种，包括谷类、农产品、杀虫剂和化肥、木材、煤炭及煤制品、石油制品、金属矿石、钢铁、工业矿物、建筑材料、机械设备、化学制品、成品材料、旅游收入）、出口产品和服务（13 种，包括谷类、农产品、农药和化肥、木材、煤炭及煤制品、石油制品、金属矿石、钢铁、工业矿物、建筑材料、机械及传输设备、化学制品、成品材料）和排放废物（2 种，污水和固体废物）。详细信息可参考 Yang 等（2014a）。在能值核算表基础上，我们建立了一个可以表征代谢结构、密度、强度和效率的能值评估指标体系（表 7-4），用于分析区域环境压力、经济活动水平和系统健康等方面的差异。

表 7-3 厦门市 1987～2007 年能值代谢核算表

代谢成分		能值/（sej/a）				
		1987 年	1992 年	1997 年	2002 年	2007 年
可更新资源（*R*）		2.37×10^{21}	2.37×10^{21}	2.37×10^{21}	2.37×10^{21}	2.37×10^{21}
不可更新资源（*N*）		2.99×10^{20}	3.52×10^{20}	2.99×10^{20}	2.71×10^{20}	1.82×10^{20}
当地农产品（*L*）		3.91×10^{21}	4.13×10^{21}	6.27×10^{21}	6.08×10^{21}	2.24×10^{21}
农业消费（*C*1）		3.32×10^{19}	9.23×10^{19}	1.51×10^{20}	2.46×10^{20}	1.07×10^{20}
农业污染物（*W*1）		8.55×10^{19}	2.25×10^{20}	3.65×10^{20}	4.03×10^{20}	2.73×10^{20}
居民消费（*C*2）		3.68×10^{20}	8.36×10^{20}	1.79×10^{21}	3.69×10^{21}	6.85×10^{21}
进口产品和服务（*I*）		4.13×10^{21}	1.37×10^{22}	3.78×10^{22}	3.82×10^{22}	1.05×10^{23}
出口产品和服务（*E*）		2.84×10^{21}	5.57×10^{21}	6.96×10^{21}	1.58×10^{22}	7.75×10^{22}
排放废物（*W*2）		1.83×10^{21}	1.36×10^{21}	2.29×10^{21}	4.09×10^{21}	7.03×10^{21}
总计	厦门市（*U*）	5.68×10^{21}	6.53×10^{21}	1.03×10^{22}	1.80×10^{22}	6.10×10^{22}
	厦门城市拓展区	5.38×10^{21}	7.54×10^{21}	5.33×10^{21}	8.71×10^{21}	1.74×10^{22}
	厦门城市足迹区	1.26×10^{20}	8.33×10^{20}	1.19×10^{21}	2.50×10^{21}	1.46×10^{22}

表 7-4 厦门城市代谢的能值评估指标体系

代谢类别	能值指标		公式	意义
代谢结构	能值自给比率	可更新资源占总能值比例	R/U	表征城市对资源和材料的消耗
	能值投资比	进口资源占总能值比例	I/U	
代谢密度	能值密度	单位面积生态经济代谢活动的环境压力	U/area	表征城市承受的环境压力
	废弃物密度	单位面积废弃物的压力	(W_1+W_2)/area	
代谢强度	能值强度	人均能值通量	U/person	表征当地居民的生活福利
代谢效率	GDP 能值比	代谢活动中的经济成本	GDP/U	表征生态经济活动中的资源利用和交换效率
	能值流转率	资源交换效率	E/I	

7.2.3 数据收集与处理

根据不同的土地利用类型，厦门市被划分为城市拓展区（USR）和城市足迹区（UFRs）两种空间。城市拓展区（USR）由人类主导的土地利用类型空间构成，包括城市建设用地和荒地（表 7-2）。城市足迹区（UFRs）由半自然和自然的土地利用类型空间组成，包括海域、淡水体、农村建设用地、耕地、林地、潮滩。社会经济数据是在两种城市空间内收集和组织的。研究数据具体包括：①通过人工目视解译从 Landsat 专题地图影像中提取获得的厦门市土地利用数据（1987 年、1992 年、1997 年、2002 年和 2007 年）（表 7-2）。为进一步研究，八种土地利用类型被划分到 USR 和 UFRs 两个空间中。②从《厦门经济特区年鉴》中获取的 1987 年、1992 年、1997 年、2002 年、2007 年社会经济数据。③相关的能值转换率数据参考文献（刘耕源和杨志峰，2018）。④城市代谢水平的对比数据，从北京、上海、广州、宁波、台湾，以及中国整体的研究案例中获得（隋春花和蓝盛芳，2001；李加林和张忍顺，2003；Huang et al.，2006；Jiang et al.，2008；Zhang et al.，2009）。

7.3 基于土地利用空间的区域社会代谢研究

7.3.1 代谢结构的差异

代谢结构表征了代谢成分在城市社会经济活动中所占比例和扮演的角色，可以通过能值自给比率和能值投资比指标来量化。较高的能值自给比率表明系统的发展更多地依赖于当地生态系统的资源，而较高的能值投资比反映了更多外部资源的输入。厦门市 USR 能值自给比率从 1987 年的 4.56×10^{-3} 下降至 2007 年的 1.55×10^{-3}，低于 UFRs（1987 年为 3.71×10^{-1}，2007 年为 4.69×10^{-1}）[图 7-1（a）]。而且，UFRs 中的能值自给比率值自 2002 年后增长显著。厦门市 USR 的能值投资比一开始呈增长趋势，之后下降。与 UFRs 在 1987～2007 年不断增长的趋势形成对照 [图 7-1（b）]。这与厦门市经济的变化相关：厦门 USR 在 1997 年前大量进口，而 1997 年后出口增长（Tang et al.，2013）。

7.3.2 代谢密度的差异

研究选取能值密度和废弃物密度两个指标来反映来自社会经济活动的环境压力。能值密度代表一个城市对其环境所施加的压力水平（Zhang et al.，

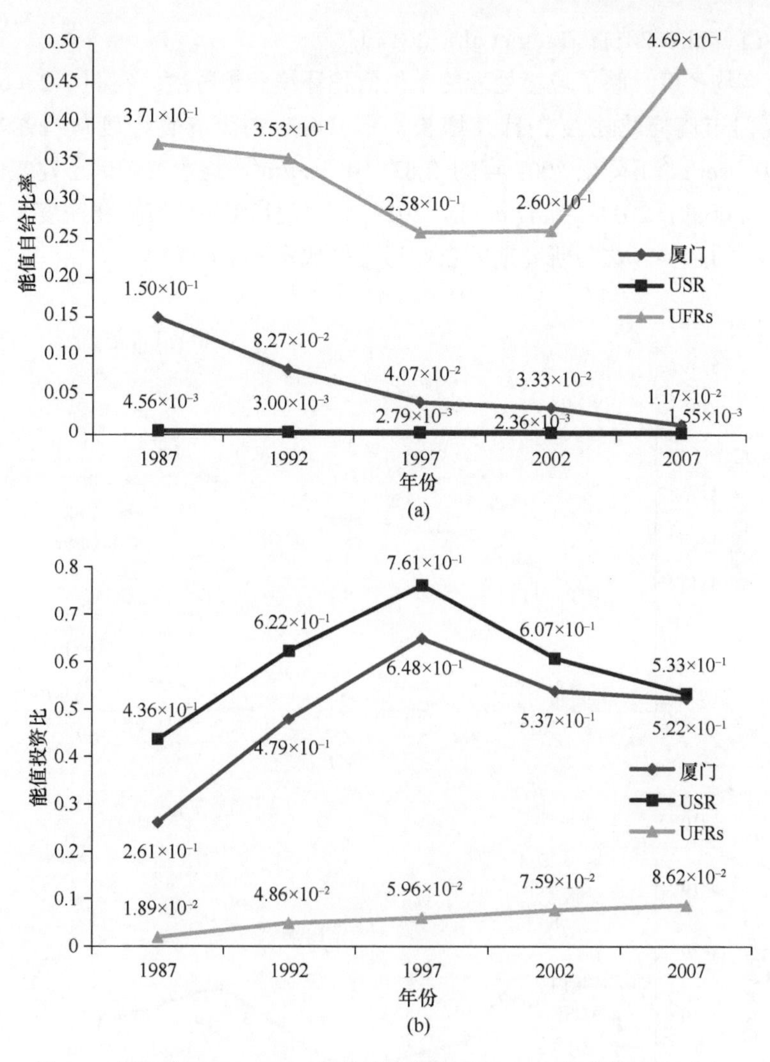

图 7-1　厦门市 1987～2007 年能值自给比率（a）和能值投资比（b）

2009），较高的能值密度表明维持城市发展需要消耗更多的能值，代谢压力也较大。厦门 USR 的能值密度由 1987 年的 2.69×10^{14} sej/m^2 增长至 2007 年的 7.92×10^{14} sej/m^2，比厦门 UFRs 高很多［图 7-2（a）］。厦门 UFRs 的能值密度在研究期间先增长后下降。从表 7-2 和表 7-3 中可以看出，厦门市代谢活动的增长比例明显快于城市建设用地。这些结果表明，厦门市 USR 代谢密度的变化与 UFRs 明显不同。此外，社会经济代谢活动的增加会导致土地利用模式的变化（Li et al.，2011；Tang et al.，2013）。

废弃物密度反映了垃圾处理的单位面积环境负担程度。在图 7-2（b）中，尽管厦门市废弃物密度在持续增长，但 USR 的废弃物密度从 1987 年的 5.33×10^{13} sej/m^2 下降至 2007 年的 2.83×10^{13} sej/m^2，这主要归因于建筑面积的增加（Li et al.，2011；Tang et al.，2013）。厦门市 UFRs 废弃物密度呈现先增长后下降的趋势，这与研究期间农业污染排放水平下降有关。

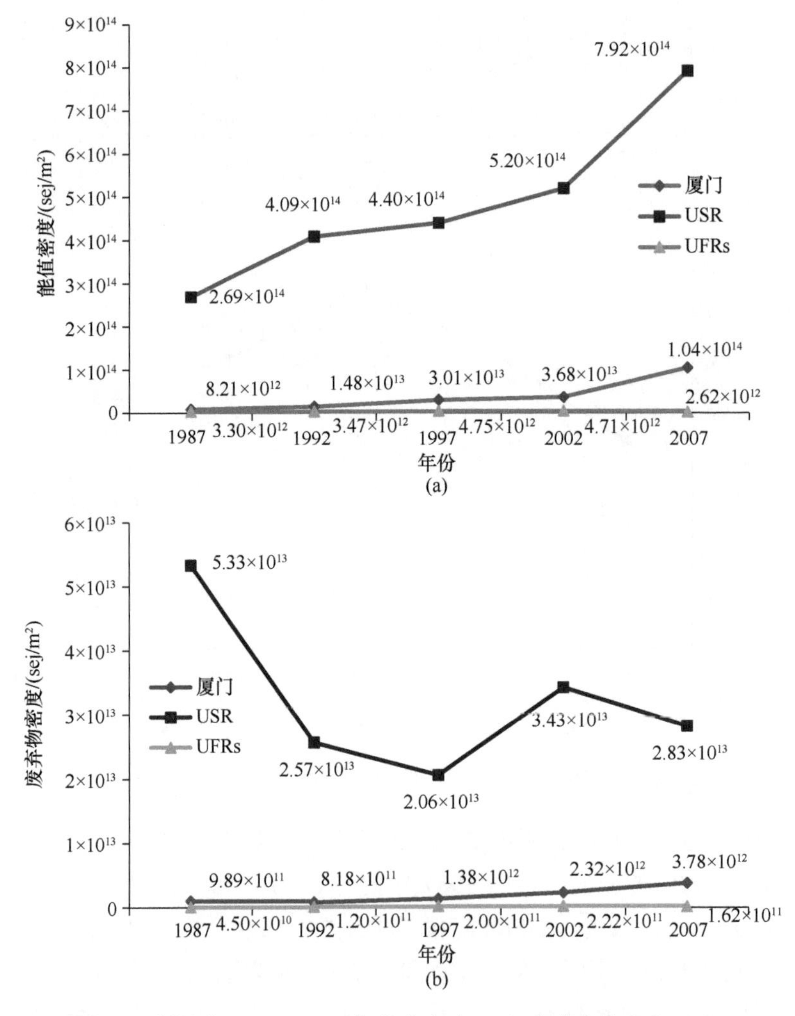

图 7-2 厦门市 1987～2007 年能值密度（a）和废弃物密度（b）

7.3.3　代谢强度的差异

代谢强度通过能值强度，即人均能值利用量来表征，反映了当地居民的生活水平。较高的能值强度增大意味着消耗更多的自然资源，也表明了当地居民生活水平的提高。1987～2007 年，厦门市 USR 的能值强度从 2.29×10^{16} sej/人增长到 1.73×10^{17} sej/人，这种增长趋势在 2002 年后尤其明显（图 7-3）。同期，UFRs 的能值强度从 9.44×10^{15} sej/人下降至 3.42×10^{15} sej/人。这些结果与 1997～2007 年快速的工业集中和人口聚集有关。

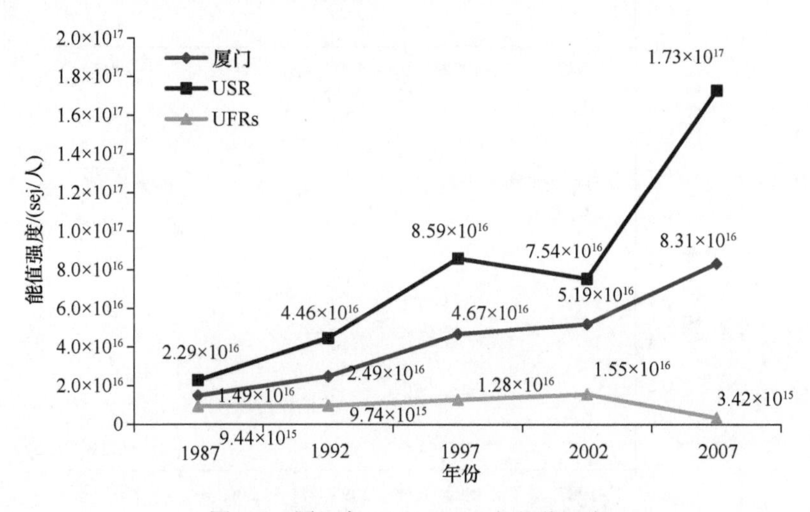

图 7-3　厦门市 1987～2007 年能值强度

7.3.4　代谢效率的变化

GDP 能值比和能值流转率被用来反映在物质使用和能量流动方面的系统效率。较高的 GDP 能值比表明消耗更少的资源来产生相同数量的 GDP。厦门市的 GDP 能值比从 1987 年的 2.40×10^{-14} 美元/sej 变为 2007 年的 1.11×10^{-13} 美元/sej［图 7-4（a）］，表明研究期间在资源高效利用和经济可持续发展方面取得了进展。较高的能值流转率意味着较高的生产水平和较低的对原料和能源的进口依赖。厦门市能值流转率，首先从 1987 年的 0.686 下降至 1997 年的 0.184，然后上升为 2007 年的 0.736。总体来讲，作为国际港口，厦门市仍然对外部资源有较高的依赖性。结果也表明，厦门的工业化结构正从进口导向型转为出口导向型，而且研究期间厦门的经济效率有所提高。

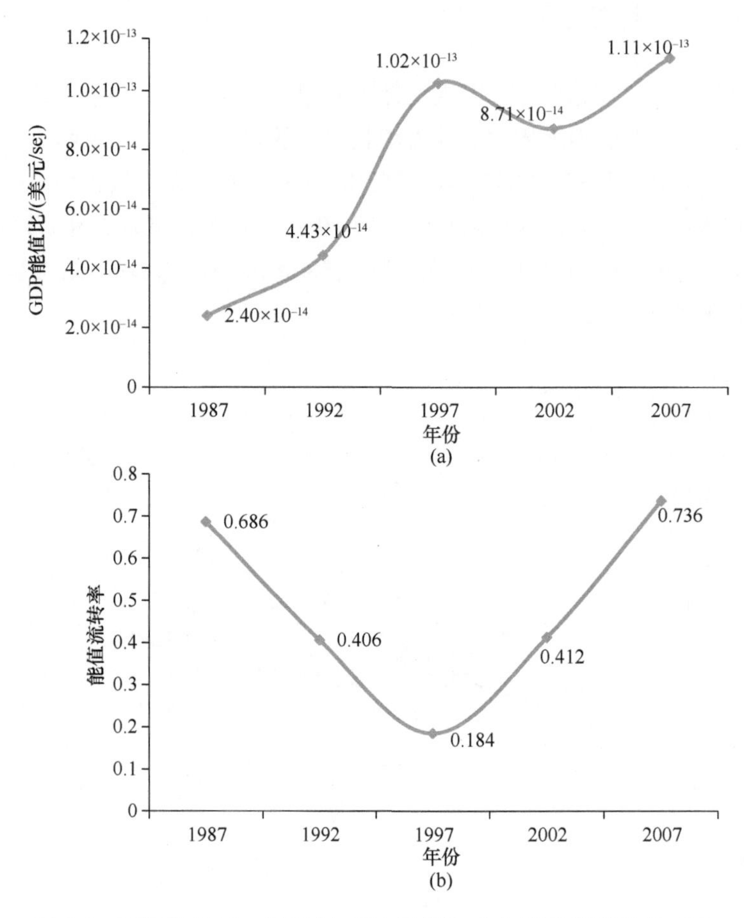

图 7-4　厦门市 1987～2007 年 GDP 能值比（a）和能值流转率（b）

7.3.5　跨域的代谢关系

表 7-3 显示，相邻的 UFRs 为厦门市发展提供了环境缓冲空间，并与 USR 保持着紧密的社会经济联系。2007 年这些 USR 与 UFRs 的跨域代谢联系，包括：①维持生态系统所消耗的可更新资源和不可更新资源，在总能值中占 1.26%；②大约 80%的当地农产品（1.11%的总能值）从相邻的 UFRs 供给到 USR；③与电力、柴油、汽油使用，以及农业和家庭用水相关的能量和水资源消耗，占总能值的 3.44%；④与固废、污水、农膜、农药，以及化肥相关

的直接垃圾处理和农业污染物，占总能值的 3.62%，这导致了跨域的环境负担；⑤原材料和商品的进口与出口在 UFRs 需求中占比超过 70%。

7.3.6　代谢水平的比较

为了确定厦门代谢状态及经济可持续性水平，研究选用四个指标与中国其他地区进行比较分析（图 7-5），包括中国最发达的城市（北京、上海和广州），与厦门社会经济状态相似的城市（宁波），与厦门经济和地理联系最紧密的省份（台湾），以及一个参照基准（中国整体水平）。

厦门总能值代谢量为（7.11×10^{22} sej/a），仅占中国的 0.37%（Zhang et al., 2009），远低于北京、上海、广州和台湾，但高于宁波（2.90×10^{22} sej/a）

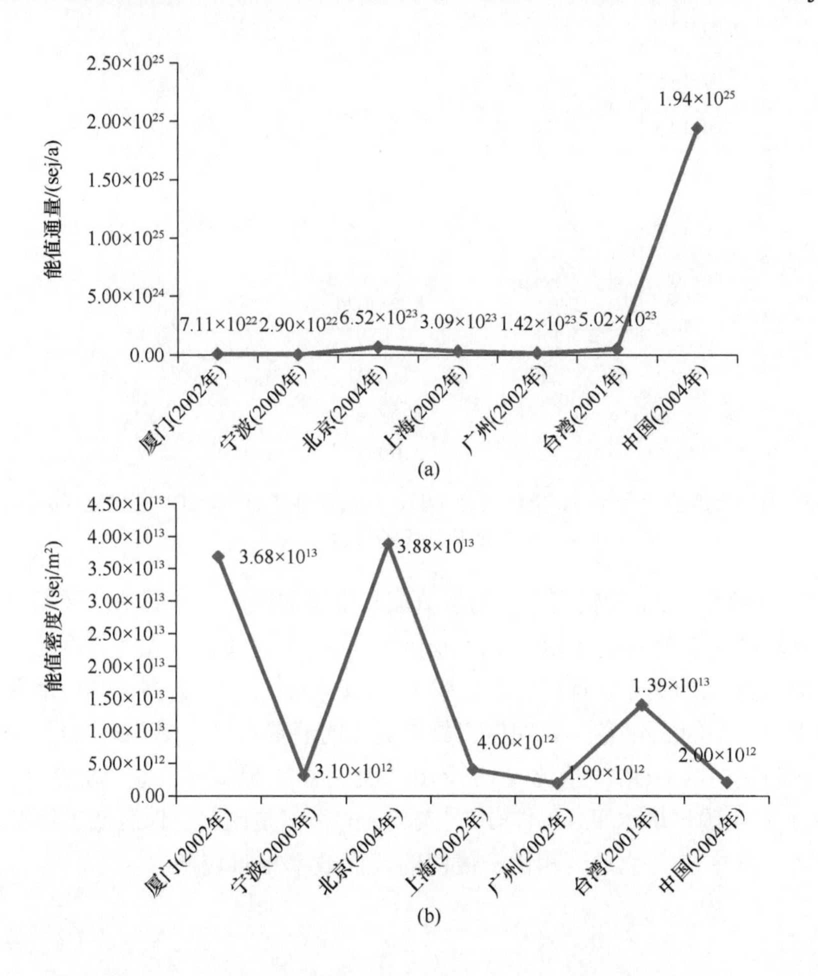

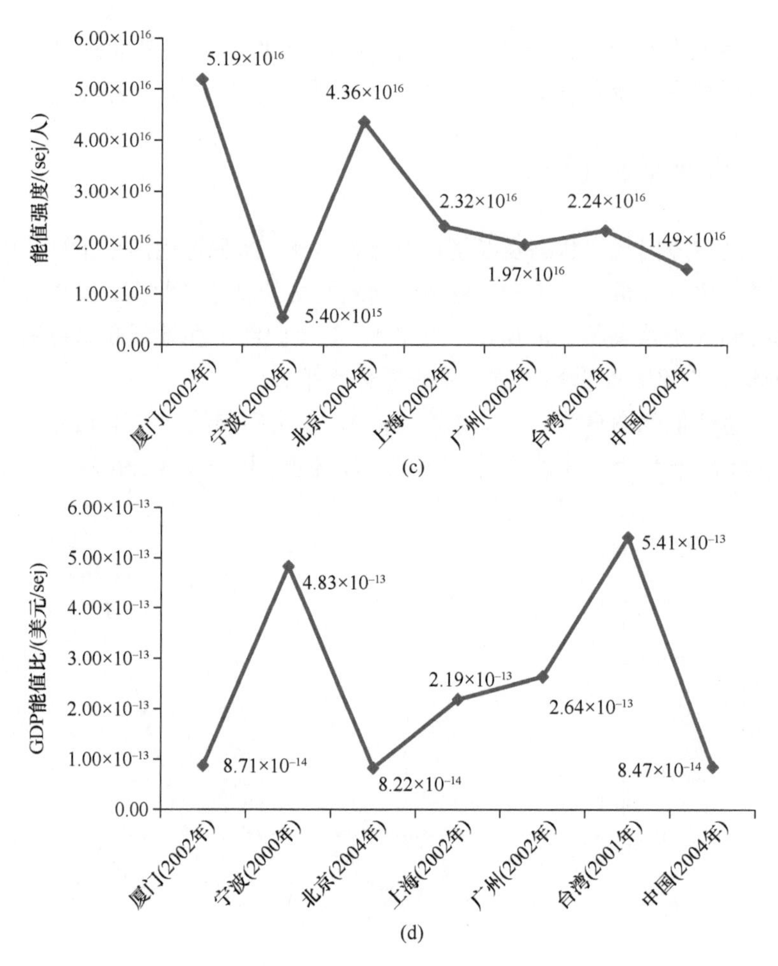

图 7-5　厦门市能值通量（a）、能值密度（b）、能值强度（c）和 GDP 能值比（d）与全国其他地区的比较

[图 7-5（a）]。由于其较高水平的能值流和紧凑的空间，与其他地区相比，厦门具有较高的能值密度（3.68×10^{13} sej/m^2）[图 7-5（b）]，表明其承受了较高的代谢压力。2002 年，厦门的能值强度（5.19×10^{16} sej/人）高于其他地区，是全国平均水平的 3.48 倍，表明厦门具有更高的消费水平 [图 7-5（c）]。图 7-5（d）表明厦门的 GDP 能值比（8.71×10^{-14} 美元/sej）略高于北京（8.22×10^{-14} 美元/sej）和全国平均水平（8.47×10^{-14} 美元/sej），但是比其他地区低了很多。整体而言，与中国其他地区相比，厦门的代谢效率相对较低。

7.4　社会经济系统的跨域代谢关系

7.4.1　跨域代谢的作用过程

厦门城市拓展区（USR）及城市足迹区（UFRs）之间存在大量的跨域物质流和能量流。城市社会经济代谢的相关研究，强调了城市环境所起的关键作用和跨域资源剥夺的现象（Li et al.，2010；Geng et al.，2011；Su et al.，2013）。本研究中，厦门城市邻域 UFRs 为厦门 USR 提供了环境缓冲空间和自然资源。这些空间所提供的环境支撑包括生态服务保护、食物生产、土地资源保障、污染物降解和垃圾处理，占比超过总能值流的 10%。在 1997～2007 年的 10 年中，厦门经历了快速的外向土地扩张和资源剥夺。另外，USR 及其 UFRs 通过经济产品互补而相互作用。这些经济产品包括主要的食品、建筑原料、电力、能源等，满足了 UFRs 超过 70%的日常需求。这些跨域的物质和能量流动使 USR 及其 UFRs 的关系变得复杂。

基于城市空间概念框架，厦门城市代谢研究旨在探索跨界代谢的相互作用和空间差异（Yang et al.，2012，2013）。与过往研究中的城市代谢系统框架（Lyons et al.，2018）、社会体内和体外的代谢框架（Renner et al.，2020），以及家庭能量代谢框架（Yu et al.，2018）相比，城市空间概念框架至少存在两点不同：①USR 及其邻域和跨域 UFRs 的跨域代谢作用与空间差异可以被模拟，而这在其他代谢框架中经常被忽视；②为了耦合社会经济数据和土地利用数据，研究采用了基于土地利用类型的无形能量交互界限。这种方法保证了对客观情况的真实模拟，对连接社会经济代谢活动及其跨域的经济环境效应尤为重要。

7.4.2　区域代谢与土地利用变化的关系

研究结果表明，1987～2007 年厦门市土地利用变化与社会经济代谢活动之间存在紧密的联系。土地利用变化是生态系统变化中最重要的社会经济驱动力（Huang et al.，2006）。土地利用类型影响了代谢流的空间分布和环境压力。较低的总能值利用往往意味着自然土地利用类型较低的能量密度。人类主导的土地利用类型拥有较低的能值自给比率。此外，社会经济代谢活动的扩展影响了土地利用/覆被模式。在厦门，与自然土地利用类型相比，人类主导的土地利用类型通常具有较高的能值密度、能值强度和代谢效率。工业发展和城市扩张的需求引起了土地利用模式的变化（Li et al.，2011）。

7.4.3 区域代谢的潜力与系统持续性

能值分析方法（EMA）可以通过不同空间单元的横向对比和不同时间周期的纵向对比为判断系统可持续性提供参考。时间尺度上，1987～2007 年，厦门呈现环境指标（能值自给比率、能值密度、废弃物密度）持续恶化，社会经济代谢指标（能值强度、GDP 能值比、能值流转率）不均衡改善的特征。社会经济代谢过程导致了资源损耗和生态系统退化，从而影响了居民的环境福利和城市代谢健康。空间尺度上，厦门城市代谢具有较低的代谢效率和较高的能值密度，这与北京相似，但不如中国其他地区。2002 年厦门市代谢对区域生态系统健康带来较多的压力，显示出相对较弱的系统可持续性。而且，1987～2007 年，厦门城市拓展区（USR）与城市足迹区（UFRs）在环境和社会经济代谢方面的差距在扩大。过往的研究已提及这种空间发展的差距，可能会破坏系统的可持续性（Geng et al.，2011；Lou and Ulgiati，2013）。总的来看，当社会经济能值指标显示厦门城市代谢日益改善时，环境能值指标同时显示了较弱的系统可持续性，城市系统代谢越来越多地依赖于跨域资源。这需要综合的、广泛的技术革新和政策改进来探索系统的健康代谢与可持续性。

7.5 社会代谢的生态转型

城市代谢的跨域物质能量流动及其时空差异性影响，意味着多样化的可持续发展策略。可持续发展的目标应定位于社会经济的发展和生态系统的健康。与代谢压力、代谢效率、跨域代谢差异相关的研究结果，直接有助于制定环境导向型、社会导向型和跨域导向型的可持续代谢策略，包括：①减轻代谢压力，维持生态系统健康，包括废水循环、垃圾回收和重复利用、农业生产中使用有机肥料、能源节约型建筑材料的使用、继续实行退耕还林还草项目；②提高社会经济代谢效率，推行低碳化、减量化的创新生活方式，包括紧凑型城市规划、社区垃圾分类回收、低碳消费，以及循环经济网络；③跨域的协同代谢与管理，包括城乡土地的集约利用、生命周期过程的垃圾控制、流域生态系统保护、高效清洁的物质能源利用技术等。

7.6 小　　结

城市系统的健康代谢离不开邻域与跨域 UFRs 的资源供给和环境缓冲空间。研究空间尺度上的城市代谢过程及其环境经济效应将有助于探索系统的可持续性。研究期内，社会经济的发展并没有伴随环境代谢的改善。厦门 USR 及其 UFRs 之间的代谢差距越来越大，这归因于对 UFRs 的资源剥夺和环境空间的占用，同时破坏了系统代谢的可持续性。厦门市应该采用环境导向型、社会导向型和跨域导向型的代谢政策来减少代谢压力和促进代谢效率，从而提高系统发展的可持续性水平。

第8章

区域景观价值评估与治理模式转型

人类从具有生态系统服务功能和美学吸引力的多样化景观中获得了多重惠益。评估认知这些生态和非生态（如美学、文化、休憩等）的景观价值是区域规划和治理的基础。然而，因主观和客观的评估理论和方法体系存在较大差异，导致景观价值的综合评估过程存在诸多挑战。本章将探索景观美学价值和生态价值的综合评估途径，运用二维坐标系和景观价值分布图来体现二者的数量差异和空间组合特征。研究有助于识别潜在的景观结构–功能–价值链，深入理解景观功能的多样化属性，在景观管理中实现生态目标和美学目标的权衡与协同。

8.1　研究背景

了解区域景观的结构和功能，客观评估景观价值，对于区域规划和可持续发展至关重要。区域的发展深刻影响着景观的结构、功能和价值。和谐的景观不仅可以为人类提供美学吸引力，而且对生态系统服务产生了积极影响，使人类从中获得多重惠益。如何从美学、生态、文化等多维角度评估景观的价值，一直是相关研究的挑战。目前，面对快速的工业化和城市化，规划中如何更好地体现景观的多样化价值，突破传统的区域治理模式，值得深入研究。

景观是异质区域的空间关联，具有自然过程和人类活动之间明显的相互作用，也是空间规划中经常考虑的地理单位（Han et al.，2020）。随着区域发展，经济、人口、聚落等要素变化，会不可避免地对景观的结构、功能和价值产生不同程度的影响。因此，关于城市景观结构、功能和价值的研究逐渐增多。多样性的景观为人类社会提供了各种惠益，包括生态系统服务和美学价值（Klein，2013; Langlois et al.，2021）。然而，很少有研究同时考虑景观生态价值和审美偏好。如何在兼顾生态审美的同时提升景观生态价值成为研究中的难点（Hersperger et al.，2020）。现有研究中关于景观美学的研究有两种截然不同的研究范式：一是揭示景观内在属性的客观研究范式；二是基于人的主观偏好的研究范式（Frank et al.，2013；Yang et al.，2021b）。研究方法多种多样，如指标评估方法、美学调查方法等（Frank et al.，2013）。在城市和区域规划中，如何建构具有生态美学吸引力、满足多种人类需求的景观仍然是一个挑战（Hostetler，2021）。

现有研究使用诸多模型或指标进行景观评价，以实现美学与生态价值的有机结合，但相关结果至今仍存在较大争议（Tribot et al.，2018；Kang and Liu，

2022）。研究发现，在生态评估中，人们会欣赏具有审美吸引力且趋于自然的景观（Zhang and Xu，2020），而另外一部分研究则表明，生态良好的景观可能并不具有审美愉悦性（Veinberga et al.，2019）。这一矛盾为将审美偏好和生态服务结合起来探索可靠的评估框架提出了挑战（Tribot et al.，2018）。此外，各种景观类型的尺度和空间格局需要考虑生态活力和审美吸引力。

土地利用/覆盖受到人类活动的强烈干扰，影响了景观的审美和生态功能（Zhao et al.，2013；Pan et al.，2021）。不同的土地利用类型会承载不同的生态服务（Talukdar et al.，2020），而土地利用类型的空间格局则会产生不同的审美体验。因此，了解景观类型在多大程度上能满足人类在生态服务和美学吸引力方面的需求及其满足人类需求的程度，将有助于确定针对生态和审美景观的积极措施。

在研究中，我们提出了一个综合框架来评估中国武汉后官湖地区五种景观类型的生态价值和美学价值，探讨主观与客观价值相结合的评估路径。我们将来自公众审美的实地调查数据和景观生态评估的数据转换为景观价值的二维坐标系和分布图，以深化对区域规划中多种景观功能的理解。

8.2 景观价值综合评估方法

8.2.1 实地调查

本研究采用基于感知的景观美学价值评价方法（Daniel，2001）。首先，使用改进的 Von Haaren 调查方法对景观美学价值进行评价（Von Haaren，2004）。该调查方法由基本信息、景观美学价值评分和可视地图组成。其中，基本信息包括调查日期、调查地点坐标和地点描述，为 146 个样本地点提供了景观背景。每个站点的景观美学价值得分包括正向得分（V_1）、负向得分（V_2）和正向影响得分（V_3）三个组成部分。景观美学价值最终得分的计算方式为 $V_t = V_1 - V_2 + V_3$。在每个场地的评估过程中，综合考虑了生物物理景观成分，如湖泊、草地、森林、灌木篱墙、电塔、矿山和孤立建筑。此外，诸如自然性、开放性、独特性、多样性、可达性和视觉舒适度等景观特征也有助于评价得分。景观美学价值在 5 分评级量表上从 1（最低）到 5（最高）进行评分。最后，在每个站点上绘制了视域地图的草图，以便使用 ArcGIS 9.2 进行进一步修订。

抽样调查采用均匀方格方法，在研究区域内共建立 146 个 1 km^2 的网格样本。利用 ArcGIS 9.2 工具收集基本地图（如地形图、景观类型图、行政区划图等）和社会经济数据（如区域规划文件和区域生态经济统计资料）进行空间分析。

景观美学价值实地调查于 2010 年 6 月 9 日至 15 日进行。6 名专业调查人员参加了实地培训，然后以 3 个两人小组的形式进行正式调查。在调查过程中，调查员们互相比较分数，然后讨论，直到最终的分数达成一致。经过 7 天的调查，获得了 141 张有效的可视地图，并获得了相应的美学评分。利用 ArcGIS 9.2 中的空间插值联合法对没有野外美学评分的盲区和 5 个无效调查样本进行美学评分，最终建立了 146 个指定样本的景观美学价值分布图。在这张地图中，我们将研究区域按照 1～5 分评价尺度划分景观美学价值单元，5 为最高值。价值越高，就越具有审美吸引力。

8.2.2 景观美学价值系数

在 ArcGIS 9.2 中叠加景观类型图和景观美学价值分布图，以识别不同景观类型的美学价值。然后提取各景观类型的面积，得到各景观美学价值等级区域。景观美学价值系数是指景观类型单位面积的景观美学价值，计算如下：

$$Q_i=\frac{\sum P_i}{A_i}=\frac{\sum M_i\times N_i}{A_i} \tag{8-1}$$

式中，Q_i 为第 i 个景观类型（森林、草地、农田、水体、非生态用地）的景观美学价值系数（点/hm^2）；P_i 为第 i 个景观类型的景观美学价值；M_i 为第 i 个景观类型的景观美学价值评分；N_i 为 5 级景观美学价值单元第 i 个景观类型区域；A_i 是第 i 个景观类型的总面积。

8.2.3 景观生态价值系数

借鉴 Costanza 等（1997）的生态服务价值评估框架，采用谢高地等（2003）对中国陆地生态系统的生态服务价值中的专家评估结果。在 8 个生态系统服务价值之和的基础上，计算出 5 种景观类型的景观生态价值系数（表 8-1），并将景观生态价值系数相加。其中，娱乐和文化服务除外，因为它们与货币价值不宜简单地加减。根据五种景观类型的生态价值系数和面积，利用式（8-2）计算出景观生态价值分布图。

$$H_i = U_i \times V_i \tag{8-2}$$

式中，H_i为第 i 个景观类型（森林、草地、农田、水体和非生态用地）的景观生态价值系数（美元/hm²）；U_i为第 i 个景观类型在 1～5 尺度上的景观生态价值；V_i为第 i 个景观类型的面积。

表 8-1　中国陆地生态系统的生态服务价值　（单位：美元/hm²）

生态系统服务	森林	草地	农田	水体	非生态用地
大气调节	463.62	105.97	66.23	0	0
气候调节	357.65	117.12	115.81	59.85	0
水源涵养	432.88	104.10	78.07	2651.94	3.90
土壤形成与保护	516.60	253.75	189.99	1.30	2.60
废物处理	173.53	170.47	213.41	2365.68	1.30
生物多样性保护	431.83	141.84	92.38	324.01	44.24
粮食生产	13.25	39.04	130.13	13.01	1.29
原材料	344.40	6.50	13.01	1.29	0
景观生态价值系数	2733.76	938.79	899.03	5417.08	53.33

8.2.4　景观价值综合评价

将景观生态价值系数和景观美学价值系数归一化，评价综合景观价值。利用式（8-3）将五种景观类型的景观生态价值系数和景观美学价值系数转化为–2～2 的值。

$$K = \frac{X - X_{\min}}{4(X_{\max} - X_{\min})} - 2 \tag{8-3}$$

式中，K 为各景观类型的归一化景观美学或生态价值系数；X 为各景观类型的景观美学或生态价值系数；$X_{\max}$ 和 $X_{\min}$ 为景观美学或生态价值系数的最大值和最小值。

本研究中假设景观美学价值和景观生态价值对整体景观价值的贡献是相等的。为了量化不同景观类型在综合景观价值中的功能作用，将两种归一化系数在二维坐标系中可视化显示。并将景观美学价值和景观生态价值的分布图在 ArcGIS 9.2 中叠置为景观价值的综合分布图，用于识别景观的空间特征。

8.3　景观价值的区域组合与分布

8.3.1　景观价值系数

采用 5 分制量表对五种景观类型的功能表现和价值贡献进行量化，其中，5 为最大值。定量化结果表明，单位面积景观美学价值由大到小依次为草地、水体、森林、农田和非生态用地（表 8-2）。自然景观的审美功能表现优于人工景观。

表 8-2　五种景观类型的景观美学价值得分（***P***）（单位：point/hm^2）

景观美学价值单位	森林	草地	农田	水体	非生态用地
1	0	0	34.32	4.80	20.82
2	0	0	313.94	112.48	160.72
3	144.76	0.82	2239.91	670.59	1350.75
4	2672.88	47.30	16046.76	8326.75	5069.18
5	1238.10	98.48	9884.85	10807.28	2743.78
总计	4055.74	146.60	28519.78	19921.90	9345.25
景观美学价值系数	4.21	4.61	4.12	4.40	3.95

由式（8-3）得到归一化的景观美学和生态价值系数（表 8-3），水体单位面积的景观美学价值最高，其次是森林、草地、农田和非生态土地。与景观美学价值相似，自然景观的生态价值高于人工景观。

表 8-3　归一化的景观美学和生态价值系数

	森林	草地	农田	水体	非生态用地
景观生态价值系数/（美元/hm^2）	2733.76	938.79	899.03	5417.08	53.33
归一化景观生态价值系数	–0.01	–1.34	–1.37	2	–2
景观美学价值系数/（point/hm^2）	4.21	4.61	4.12	4.40	3.95
归一化景观美学价值系数	–0.44	2	–0.97	0.73	–2

8.3.2　景观价值组合

利用二维坐标系统确定了五种景观类型的美学、生态和综合功能表现

（图 8-1）。在二维坐标系中，五种景观类型对两种景观价值的贡献不均匀，甚至相反。水体是唯一一种景观美学价值系数和景观生态价值系数均为正值的景观类型。其他 3 种景观类型（森林、农田和非生态用地）的美学价值和生态价值均呈现正相关关系，但对美学价值和生态价值均为负向贡献。

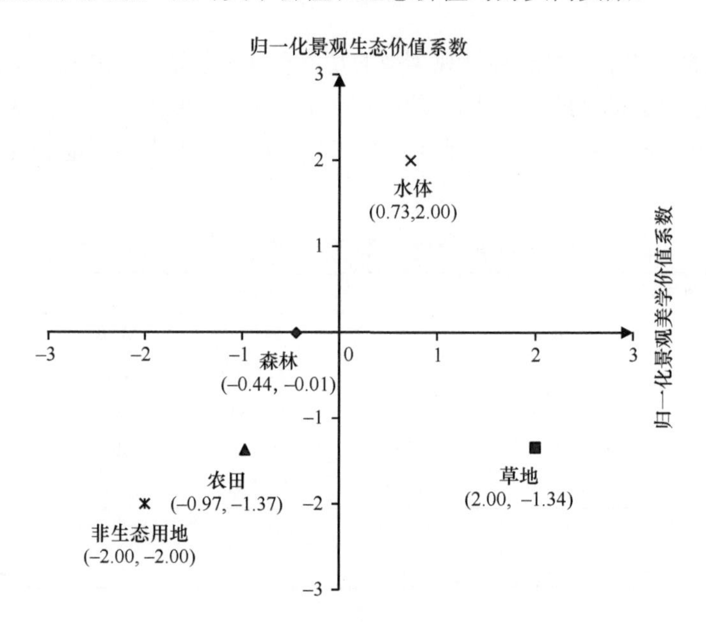

图 8-1 景观价值的二维坐标系统

8.3.3 景观价值分布

在进行景观美学调查后绘制景观美学价值分布图[图 8-2(a)]，根据式(8-2)绘制景观生态价值分布图［图 8-2（b）]。综合景观价值分布图由 ArcGIS 9.2 中景观美学价值分布图和景观生态价值分布图叠加得到（图 8-3），景观价值得分范围由低到高为 1~5。景观的美学价值、生态价值和综合价值随着人类活动强度的变化而变化，从外部水体过渡到农田和中心非生态用地逐渐降低。中心水体及邻近区域得分最高，东北扩展区得分最低，其他区域得分均为中等。除东北部地区外，景观美学价值的分布表现出较大的空间连续性。具有开阔视野、有序性、自然性等视觉特征的中心水体景观美学价值得分较高，而杂乱无序、建筑强度高、破碎化的零散非生态用地和农田景观美学价值得分较低。景观生态价值呈镶嵌分布，空间趋势不明显。水体及其邻近区域的生态价值得分较高。

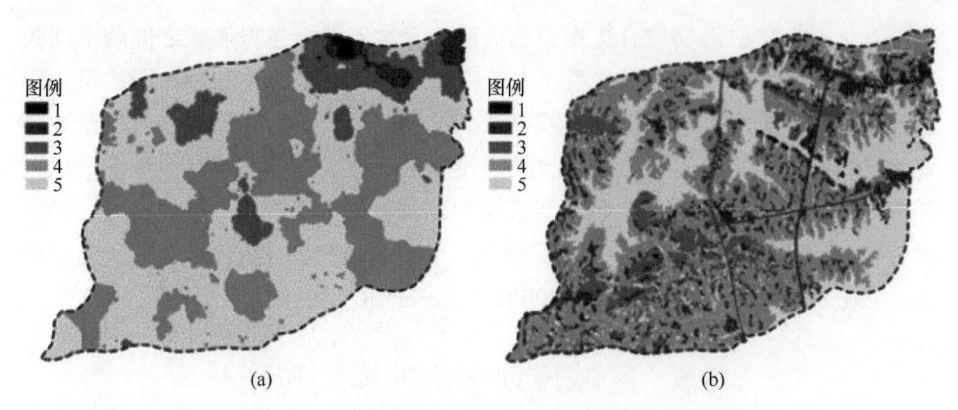

图 8-2　武汉后观湖地区景观美学价值分布图（a）和景观生态价值分布图（b）

图 8-3　综合景观价值分布图

8.4　景观价值的数量和空间关系

本研究运用二维坐标系和景观价值分布图，评估了景观美学和生态的综合价值，分析了五种土地利用类型的景观功能表现和相互关系。相对于客观美学方法（Frank et al.，2013；Dandy and Van，2011），本研究中的主观景观美学反映的是对景观要素形态和空间形态的内在感知。与概念模型（Termorshuizen and Opdam，2009）相比，本研究使用的组合方法，如实地调查、景观价值系数、归一化方法、二维坐标系和景观价值分布图等，可以定量捕捉不同景观类型的功能表现。

研究结果表明，景观价值的大小与景观属性和人类活动强度密切相关。与半自然和人类主导的景观（即农田和非生态用地）不同，自然景观（即水体和森林）对美学和生态功能有更积极的贡献。美学表现与生态质量之间的不同关系引起了广泛的关注。这些关系在本研究中通过二维坐标系和分布图的量化得以体现，例如景观类型在景观中或正或负的贡献。人类活动通过将自然景观转变为半自然和人工景观，可能导致景观价值的下降。研究发现，景观价值从人类主导的半自然景观到更自然的景观逐渐增加。更重要的是，景观格局–功能–价值链可以从人类活动改变的景观价值梯度中显现出来，这曾被类似研究讨论过（Termorshuizen and Opdam，2009；Yang et al.，2014c）。

8.5 区域规划和治理模式转型

研究结果确定了景观功能特征和景观价值的分布，有助于从开发重点和强度上优化景观规划。二维坐标系表明，将一种景观类型替换为另一种景观类型可能会导致综合景观价值的不确定性变化。例如非生态用地取代水体比取代农田更能降低水体的价值。因此，为了把生态目标和审美需求更好地结合在一起，景观规划中很可能会遇到功能上的妥协。在景观价值分布图中，可以利用景观固有价值的梯度和对景观潜在价值的关注来确定相应的策略，如保护、恢复和重建。采取保护和修复措施，扩大自然景观空间，有序重建受人为影响的景观。重建措施（例如建立树篱缓冲区以减少道路网络对整体景观的切割效应或增加景观之间的可达性）可能涉及景观规划。

景观规划中还应考虑到发展背景（如社会阶段、本地文化和利益相关者的需求），以应对景观功能方面的各种关注。游客可能更关心农田的美学，而农民则更看重农业生产力。然而，无论是游客欣赏的农田吸引力，还是农民重视的生产特征，都有可能破坏生态功能。因此，建议决策者调整美学特征，以更好地支持生态健康。对整体景观至关重要的非风景区（如乡村聚落、道路和历史遗迹），则可以通过绿色走廊和有序的外观来进行优化，以营造更正向的审美体验。

本研究的一些局限性和可能的改进包括：①景观评价只选择了五种主要的景观类型。建议在未来的研究中采用细分景观来传达更详细的信息。此外，来自不同文化背景的调查人员可以将更多样化的视角纳入景观规划中。②未来的研究可以将更完整的文化景观价值（如知识系统、社会关系和审美价值）纳入其中，以在决策中客观体现景观资源的整体性。③主观景观美学价值系数只能传达与五种景观类型的景观价值相对重要的信息。与生态评价相比，这可能会限制景观美学价值系数的使用。

8.6 结论

在景观价值综合评估中将主观（美学）和客观（生态）方面联系起来是一个具有重要意义的尝试。与传统的概念框架相比，本研究采用综合方法（即价值调查评估、标准化景观价值系数和二维坐标系）来量化景观类型的功能表现，评估了景观组合价值，为景观规划中考虑美学和生态目标提供了新的视角。研究综合考虑了景观生态和美学功能，这种跨学科研究的尝试可能会引发景观设计和规划的创新性思考。

值得指出的是，当前的国土空间规划需要专项规划的支撑，特别要考虑的是传统规划中忽视的景观价值规划，来关注景观的美学、文化、休闲等功能。而且从景观美学和生态目标结合视角优化区域规划，也有助于区域发展模式转型。更重要的是，区域治理策略中需要重视人的内在价值需求，提升文化审美素养，这与建设美丽中国的内涵也是一致的。

第 9 章

工业突发环境事件与应急管理转型

高强度的工业化导致突发环境事件频发，这严重损害了区域环境健康和居民健康。本章以工业突发环境事件为例，对环境知识、认知和响应的空间差异进行了深入分析，构建了突发环境事件应急管理和沟通框架，揭示了内在的环境污染过程–格局–价值–响应链，为突发环境事件应急管理转型提供范式参考。

9.1 研究背景

全球工业化给人类带来巨大社会经济福利的同时，也导致了严重的环境污染。工业生产排放了大量的废气、废水和废渣，严重污染了周围的环境。而且，工业化过程还是全球变暖、淡水资源紧缺、人类健康风险等问题的重要推手。20 世纪中叶，震惊世界的十大环境污染公害事件，正是全球工业无序发展带来的环境恶果。

改革开放以来，尤其是中国加入世界贸易组织之后，中国工业化和城镇化进程加快，给生态环境带来巨大的压力。一些严重的工业污染事件被媒体不断报道出来，如 2005 年 11 月的松花江水污染事件、2007 年 5 月的太湖蓝藻污染事件、2007 年 6 月的巢湖、滇池蓝藻暴发事件、2009 年的湖南浏阳镉污染事件、2010 年 7 月大连新港原油泄漏事件、2012 年 1 月的广西龙江河镉污染事件等。这些工业污染严重污染了当地生存环境，给当地居民造成了严重的生命财产损失。与此同时，我国政府出台了一系列严格的政策法规来加强工业污染治理力度。但是，由于长期沿用高物耗、高能耗和高污染的粗放型经济发展模式，我国的工业污染治理效果与政策预期之间还存在着较大的差距（解学梅等，2015）。

如何在实现工业发展的同时最大化控制环境污染，是区域可持续性发展的关键挑战（Charron，2012）。突发环境事件往往会造成环境冲突，由此产生的生存和健康风险的强度因空间距离而异（Parkes et al.，2010；Charron，2012；Gonzalez et al.，2022）。此类事故可能导致广泛的利益相关者冲突，环境诉求遭到经济利益的抵制（Perc et al.，2013；Yang et al.，2014b）。因此，在环境决策过程中，利益相关者群体需要在环境博弈中积极争取，确保自己的合法权益得到保障。然而，环境知识的差距往往会导致现实条件限制和冲突。而且，应急管理往往边缘化了当地人民的利益，对地方利益相关者的参与不够重视（Song，2008；Charron，2012；Liu et al.，2012；Liao et al.，2018）。

越来越多的证据表明，将利益相关者的诉求纳入决策过程中是缓解环境冲突的关键步骤（Burger，2002；Song，2008；Takshe et al.，2010）。环境利益相关者的参与有助于减轻环境致贫、缓解公共卫生危机和减少环境冲突（Cook，2007；Wiesmeth，2020）。然而，许多人口因素（如年龄、教育水平、性别、职业、居住地和收入等）可以显著影响利益相关者的环境态度（Song，2008；Qu et al.，2009；Dong et al.，2011；Masud and Kari，2015），环境风险信息的感知和交流在环境知识转化中发挥着重要作用（Pablos-Mendez et al.，2005；Lahr and Kooistra，2010；Xia et al.，2012；Coi et al.，2016）。一些研究还发现，污染细节和社会背景可能会影响所采取的环境行动（Van Rooij，2010；Tilt and Xiao，2010；Kim and Kang，2019）。

目前对突发环境事件的生物物理化学的应急处置与管理研究较多，但对相关利益者的污染信息传播、环境利益诉求与摩擦的调解途径研究较少。关于环境事件的文献往往侧重于自然因素，如毒理效应（Arojojoye et al.，2019）、处理技术（Zhao and Piccone，2020）和时空水质模拟（Zhang et al.，2011a），而较少关注社会方面。一些环境应对框架处理了健康、环境和发展问题，例如，随机过程模型（stochastic process model，SPM）（Gottinger，1998）、健康蝴蝶模型（butterfly model of health，BMH）（VanLeeuwen et al.，1999）、基于风险的预警模型（risk-based early warning model，REWM）（Grayman and Males，2002）、流域治理棱镜框架（watershed governance prism framework，WGPF）（Parkes et al.，2010）、饮用水处理应急响应框架（emergency response framework for drinking water treatment，ERFD）（Zhang et al.，2011b）和公共利益博弈（public good game，PGG）（Perc et al.，2013）。然而，这些模型和框架不能反映社会、经济和环境过程之间紧密连接的需要。而且，基于公众参与过程的突发性污染事件应急管理的报告也很少见（Holdaway，2010；Song，2008）。允许利益攸关方在所有阶段参与环境决策，有助于回应公众环境诉求，制定适当的环境保护战略。

本章以紫金矿业污染事件（Zijin pollution incident，ZPI）为研究对象，对突发环境事件应急管理过程中的公众参与进行研究。研究目标包括：①构建基于主观环境认知和客观环境污染扩散的环境事件应急管理和沟通框架；②分析 ZPI 发生后流域环境污染扩散过程中利益相关者在环境意识、认知和响应等方面的差异；③制定清洁生产和环境应急管理转型策略，缓解工业化过程中的突发环境冲突。

9.2 环境交流管理框架

为应对环境事件，研究者开发出了许多以缓解环境风险为导向的模型，例如，BMH、REWM、WGPF 和 ERFD 等。然而，这些模型对环境事件的客观或主观方面给予了不同的重视。但是，利益攸关方的参与，特别是当地受害者和弱势群体的参与，没有给予足够的关注。因此，我们提出了突发环境事件的过程–格局–价值–响应的环境交流管理框架（process-pattern-value-response environmental communication framework，ECF）（图 9-1）。该框架全面展示了可能影响环境交流的主客观因素。

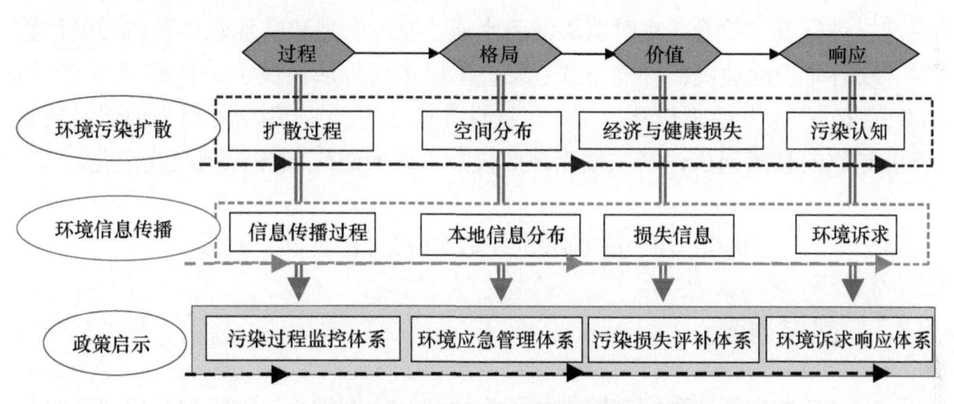

图 9-1 环境过程–格局–价值–响应的交流管理框架

及时的环境危机管理可以培养公众理性的环境响应。该框架基于过程–格局–价值–响应链，将客观污染水平和主观污染感知与相应的污染缓解策略结合起来。在这一框架下，对污染扩散的客观感知和对污染信息的主观传播需要以过程为基础的及时环境信息沟通和应急污染控制。本研究通过解读中国公众对突发环境事件的反应和参与，为全球类似突发环境事件的公众参与和环境交流提供借鉴。

9.3 紫金矿业污染事件

ZPI 是 2010 年中国最大的公共环境危害事件之一。2010 年 7 月 3 日，福建紫金矿业紫金山铜矿湿法厂发生铜酸水渗漏事故，事故造成汀江部分水域严重污染。直至7月12日，紫金矿业才发布公告，瞒报事故9天。9100 m^3的污水顺着排洪涵洞流入汀江。汀江是连通福建省和广东省的河流之一，也是两省重要的饮用水源和沿岸农业用水水源。

随后，泄漏导致高达1890 t的鱼类中毒，引起当地民众恐慌。人们关心汀江的航道污染和健康风险，特别是上杭县官庄水库、永定区棉花滩水库和大埔县青溪水库供应的饮用水可能受到污染。据新闻报道，福建省和广东省20多个城镇中至少10万名居民的生计和健康方面受到了影响。

事故发生后，政府迅速启动应急政策，包括消除污染风险源、水质监测、确保向受影响群众发放赔偿和确保安全饮用水供应的措施，以及确定事故的法律责任。受影响最严重的上杭县和永定区采取了一系列紧急政策，包括暂停铜生产以进行安全检查、实时监测河流水质、通过电视和其他媒体发布污染信息等。政府对当地渔民的补偿方式包括：①以市场价从渔民手中收购死鱼（平均3.0元/kg）；②发放工作补偿金（一次性补偿2万元），用于补偿当地居民放弃渔业导致的直接损失；③鼓励当地居民加入政府组织的股份制渔业企业。

9.4 问卷调查与数理统计研究方法

9.4.1 问卷调查

在ZPI发生后，我们立即进行了实地和互联网调查，收集利益相关者对环境污染的反应。通过让受访者回答调查问卷上的封闭式问题和开放式问题，来更好地了解他们对环境事件的看法。封闭式问题涉及四个方面，包括对采矿的环境保护意识、对ZPI带来的利益和损失的认知、ZPI之后的反应和环境行动，以及对环境管理政策的态度（表9-1）。调查研究小组讨论了当地的产业政策、环境问题、村民的环境期望和未来就业等问题，深入地探讨了当地人对ZPI的见解。此外，问卷还收集了受访者的人口统计学信息（如性别、年龄、教育水平、职业、收入和居住地与污染源的距离等）。

这项抽样问卷调查是由具有环境研究专业背景的研究者进行的。为了避免偏见，调查时明确表示这项调查仅用于研究，并采取匿名方式进行。此外，为了避免干扰，尽可能地与被调查者私下进行面对面的采访。调查小组还对了解到的信息进行及时交流，以保证信息的客观公正性。调查的村庄位于汀江沿岸，每个村庄最多收集10份问卷。这种设计主要是保证流域样点分布的合理性和

表 9-1 利益相关者的调查问卷

问题	回答
环境意识	
1. 您关心采矿造成的环境污染问题吗？	是/否
2. 您是否积极搜索采矿相关的环保信息？	是/否
3. 您会参加有关采矿环保的公共活动吗？	是/否
环境认知	
4. 您了解 ZPI 的背景吗？	是/否
您能简要描述一下事故和污染类型吗？	开放
5. 您是否受到 ZPI 的影响？	是/否
这次事故对您的经济生产力或日常生活有什么影响吗？	开放
6. ZPI 是否影响了您的健康？	是/否
请说明您认为的影响程度。	开放
7. 紫金矿业公司挖矿能给您带来好处吗？	是/否
请注明您认为的好处。	开放
环境响应	
8. 您对事故发生后的应急政策满意吗？	是/否
请注明您的满意程度。	开放
9. 您对环境投诉后的处理结果满意吗？	是/否
请描述您的环境投诉。	开放
10. 您在环境投诉方面遇到过困难或风险吗？	是/否
请说明这些困难或风险。	开放

问卷结果的代表性。现场调查于 2011 年 12 月 22 日至 25 日进行。在汀江沿岸 20 个村共调查收集了 146 份有效问卷。ZPI 发生后，居民通过网络了解最新信息，讨论应对策略。因此，2011 年 12 月至 2012 年 2 月，我们通过电子邮件收集了汀江沿岸 200km 以内居民的 18 份有效答复。

9.4.2 数据分析

Logistic 回归分析用于评估各种人口统计学和社会经济学因素的相对重要性。这些变量（性别、年龄、职业、教育水平、收入和距离）可能会影响受访者对每个问题的回答。调查结果通过 β 值、标准误差（S.E）、卡方（chi-square）统计（χ^2）、p 值和 exp 等对这些变量进行了检验。受访者对表 9-1 的问题进行了非此即彼的回答（是/否），以确定 Logistic 回归模型开发的因变量。对回答的记录是基于一个假设，即一个中性的回答可能表明一种潜在的消极态度（Gillingham and Lee，1999）。Logistic 回归模型中使用的独立变量分别是性别、年龄、职业、教育水平、收入和受访者居住地与污染源的距离。借助统计分析软件 SPSS 17.0，使用 $p<0.05$ 的显著性水平对调查数据进行分析。

9.5 环境意识、认知和响应分析

9.5.1 调查对象的人口统计学特征

研究收集并分析了受访者的六个人口统计特征（性别、年龄、教育水平、职业、收入和距离）（表 9-2）。抽样人口涵盖主要利益相关群体，包括渔民、农民、店主和职工、网民和退休人员。

表 9-2 人口统计学数据和样本特征

特征	类别	数量	占比/%	特征	类别	数量	占比/%
性别	男性	117	71.34	教育水平	≤6 年	33	20.12
	女性	47	28.66		7～9 年	74	45.12
年龄	≤30 岁	35	21.34		10～12 年	31	18.90
	31～45 岁	65	39.63		>12 年	26	15.85
	46～60 岁	43	26.22	收入	≤5000 元	56	34.15
	>60 岁	21	12.80		5001～10000 元	23	14.02
职业	渔民	48	29.27		10001～15000 元	22	13.41
	农民	52	31.71		15001～20000 元	20	12.20
	店主	8	4.88		>20000 元	43	26.22
	职工	27	16.46	距离	≤10km（上游）	25	15.24
	网民	18	10.98		11～100km（中游）	68	41.46
	退休人员	11	6.71		101～200km（下游）	53	32.32
					>200km	18	10.98

调查中，我们发现与调查样本相关的一些空间特征：①污染信息的传播滞后于污染向下游的扩散；②中下游比上游受污染影响大，渔民环境诉求活动参与比较积极；③环境污染的下游累积对下游水库、河道造成严重的影响。这可以从下游的调查中反映出来。

9.5.2 被调查者的环境意识

通过受访者的环境意识调查确定他们对矿业污染的总体态度（表 9-1 中的问题 1～3，表 9-3 中的 Logistic 回归分析）。这些回答反映了受访者的环境知

表 9-3　调查对象的环境意识及其影响因子

问题	回答	合计	等式中的变量						最终逻辑模型		
			特征	β	S.E.	Wald	Sig.	exp（β）	Wald	Sig.	R^2
1	是 否	91（55.49%） 73（44.51%）	年龄	−0.007	0.014	0.238	0.626	0.993	9.352	0.155	0.074
			性别	−0.677	0.388	3.036	0.081	0.508			
			教育水平	0.119	0.073	2.667	0.102	1.126			
			职业	−0.177	0.122	2.099	0.147	0.838			
			收入	0.012	0.109	0.012	0.913	1.012			
			距离	−0.346	0.229	2.281	0.131	0.707			
2	是 否	53（32.32%） 111（67.68%）	年龄	−0.009	0.016	0.300	0.584	0.991	19.362	0.004	0.156
			性别	0.134	0.438	0.093	0.760	1.143			
			教育水平	0.124	0.078	2.524	0.112	1.131			
			职业	0.038	0.131	0.081	0.775	1.038			
			收入	0.268	0.119	5.118	0.024	1.308			
			距离	0.071	0.247	0.083	0.773	1.074			
3	是 否	105（64.02%） 59（35.98%）	年龄	−0.007	0.014	0.227	0.634	0.993	8.506	0.203	0.069
			性别	0.220	0.406	0.292	0.589	1.246			
			教育水平	0.126	0.075	2.803	0.094	1.134			
			职业	−0.143	0.126	1.274	0.259	0.867			
			收入	0.157	0.114	1.917	0.166	1.170			
			距离	−0.050	0.234	0.046	0.831	0.951			

注：灰色阴影变量在统计上具有显著性。

识，也与人口统计学特征相关。超过一半（55.49%）的受访者表示关心采矿引起的环境污染问题，但只有约 1/3（32.32%）的人表示会主动获取采矿环保方面的信息（问题 1～2）。几乎 2/3（64.02%）的受访者打算参加与矿业环境保护相关的公共活动，包括教育活动、公众投诉、请愿、抗议、诉讼等（问题 3）。Logistic 回归结果表明，高收入人群比低收入人群具有更积极的环境保护态度。此外，男性、较高的受教育水平或居住地离污染源较远的调查对象环境意识较强。

9.5.3　对 ZPI 的环境认知

问题 4～7（表 9-1）考察了利益相关者对 ZPI 的看法。调查结果和 Logistic 回归分析见表 9-4。59.15%的受访者表示他们知道 ZPI 的背景，但 40.85%的受

表 9-4 调查对象对 ZPI 的认知及其影响因素

问题	回答	合计	等式中的变量						最终逻辑模型		
			特征	β	S.E.	Wald	Sig.	exp（β）	Wald	Sig.	R^2
4	是 否	97（59.15%） 67（40.85%）	年龄	0.000	0.014	0.000	0.987	1.000	12.101	0.060	0.096
			性别	0.583	0.391	2.220	0.136	0.558			
			教育水平	0.078	0.073	1.149	0.284	1.082			
			职业	0.154	0.125	1.524	0.217	0.857			
			收入	0.204	0.111	3.360	0.067	1.227			
			距离	0.051	0.229	0.050	0.823	1.052			
5	是 否	104（63.41%） 60（36.59%）	年龄	–0.014	0.017	0.725	0.395	0.986	47.211	0.000	0.342
			性别	1.545	0.452	11.687	0.001	0.213			
			教育水平	0.009	0.083	0.011	0.917	1.009			
			职业	0.689	0.154	19.931	0.000	0.502			
			收入	–0.022	0.130	0.030	0.864	0.978			
			距离	–0.075	0.256	0.085	0.771	0.928			
6	是 否	53（32.32%） 111（67.68%）	年龄	–0.006	0.015	0.166	0.684	0.994	8.324	0.215	0.069
			性别	–0.375	0.428	0.768	0.381	0.687			
			教育水平	–0.001	0.074	0.000	0.986	0.999			
			职业	0.230	0.126	3.370	0.066	1.259			
			收入	0.031	0.115	0.073	0.787	1.031			
			距离	0.210	0.239	0.774	0.379	1.234			
7	是 否	59（35.98%） 105（64.02%）	年龄	0.008	0.017	0.253	0.615	0.992	46.970	0.000	0.342
			性别	0.370	0.449	0.678	0.410	1.447			
			教育水平	–0.006	0.085	0.006	0.940	0.994			
			职业	0.760	0.161	22.165	0.000	2.139			
			收入	0.221	0.135	2.691	0.101	0.802			
			距离	0.142	0.260	0.296	0.586	1.152			

访者对 ZPI 的背景知之甚少（问题 4）。在 ZPI 之后，地方政府通过各种媒体发布了污染信息。然而，也有一些受访者表示对污染问题漠不关心或无法了解污染情况。被调查者认为，河流污染最严重（85%），其次是空气污染（11%）和其他污染（土地和植被，4%）。

63.41%的受访者认为 ZPI 给他们造成了经济生产力或日常生活方面的损

失，36.59%的受访者认为没有直接损失（问题 5）。大多数受害者是依靠汀江谋生的渔民和农民。渔业工作的受访者（49%）感受到的损失最多，其次是其他行业（24%）、农业（23%）和零售业（4%）。关于日常生活的影响，最常提到的是饮用水（37%），其次是收入（29%）、健康（27%）和其他活动（7%）。大约 12%的受访者认为对健康的影响非常大，21%的受访者认为影响很大，21%的受访者认为影响中等，27%的受访者认为影响很小，20%的受访者认为影响非常小（问题 6）。尽管大多数受访者意识到他们利用汀江对自己的健康构成了潜在风险，但很少有人计划停止这些活动。Logistic 回归分析表明，渔民和农民比其他群体感受到更多的损失，可能是因为他们的生计直接依赖汀江和水库（表 9-4）。此外，受访者的性别与自身感觉到的损失之间存在关联，男性受访者比女性受访者更有可能感觉到损失。

大多数受访者（64.02%）表示，他们没有从紫金矿业公司的采矿中获得任何利益（问题 7），这可能反映了他们认为缺乏直接的经济利益。换句话说，尽管紫金矿业公司对县域 GDP 的贡献很高，但由于其对专业工人的需求，为当地居民提供的工作机会有限。在 35.98%认为有好处的受访者中，最常提到的是促进经济发展（16%），其次是就业机会（14%）、增加收入（4%）和环境保护（2%）。受教育程度较高的人往往更关心紫金矿业公司的整体经济和环境表现。Logistic 回归分析表明，收入较高的受访者更有可能感受到好处。促进当地经济发展是常提到的好处。事实上紫金矿业公司是当地的产业支柱。然而，紫金矿业公司仅为当地人提供了 3000 个工作岗位，因此对当地居民收入的贡献相对较小，这解释了少数人从中获益的原因。

9.5.4 对 ZPI 的环境响应

通过对环境响应进行评估，以了解当地居民对突发环境事件的响应（表 9-1，问题 8～10）。受访者的响应及影响因素见表 9-5。几乎所有受访者（95.73%）表示对 ZPI 发生后的应急政策不满意（问题 8）。这可能反映了一个事实，即根据流域环境保护计划，当地居民被迫放弃在汀江和水库捕鱼。特别是，受访者不愿接受基于市场价格的一次性损失补偿。这是因为，这些应急政策，包括经济损失补偿、转业基金、加入渔业发展公司的机会和搬迁等，不能保证长期的生计。Logistic 回归分析表明，对应急政策的不满意程度随被调查者受教育程度的提高而增高，随被调查者的收入增高而降低。

表 9-5 调查对象对 ZPI 的响应及其影响因素

问题	回答	合计	等式中的变量						最终逻辑模型		
			特征	β	S.E.	Wald	Sig.	exp（β）	Wald	Sig.	R^2
8	是 否	7（4.27%） 157（95.73%）	年龄	–0.038	0.036	1.123	0.289	0.962	6.238	0.397	0.126
			性别	0.216	0.862	0.063	0.802	1.241			
			教育水平	0.156	0.170	0.842	0.359	1.169			
			职业	0.083	0.265	0.099	0.753	0.920			
			收入	0.502	0.305	2.710	0.100	0.605			
			距离	–0.311	0.567	0.301	0.583	0.733			
9	是 否	5（3.05%） 159（96.95%）	年龄	0.003	0.043	0.005	0.944	1.003	2.091	0.911	0.053
			性别	–0.281	1.250	0.050	0.822	0.755			
			教育水平	0.065	0.204	0.102	0.749	1.068			
			职业	0.040	0.368	0.012	0.913	0.960			
			收入	0.372	0.344	1.172	0.279	1.450			
			距离	–0.035	0.619	0.003	0.955	0.965			
10	是 否	140（85.37%） 24（14.63%）	年龄	0.025	0.022	1.212	0.271	0.976	13.980	0.030	0.145
			性别	0.971	0.568	2.922	0.087	0.379			
			教育水平	0.193	0.104	3.440	0.064	0.824			
			职业	0.178	0.185	0.924	0.336	1.194			
			收入	0.355	0.165	4.655	0.031	0.701			
			距离	–0.067	0.323	0.043	0.837	0.936			

几乎所有受访者（96.95%）表示，他们对与环境问题有关的申诉结果感到失望（问题 9）。其中，大多数受访者对自己的不满无动于衷（32%）或只与他人讨论 ZPI（32%）。只有 36%的受访者采取了行动，包括自我教育矿山污染、提出正式的环境投诉、参加环境抗议、向政府当局请愿、通过新媒体沟通等。

绝大多数受访者（85.37%）在参与其环境投诉有关的活动后担心可能存在风险（问题 10）。大多数受访者认为这些活动对解决环境污染问题毫无用处（70%），少数人提到对人身安全（18%）、潜在失业（7%）和缺乏经济支持（5%）

的担忧。在影响受访者回答的因素中，收入和教育被确定为两个显著的预测因素。大多数直接受 ZPI 影响的人，特别是经济损失较大的渔民，采取了与他们的环境投诉有关的某种行动，但认为当地政府很少或根本没有回应，他们不得不接受不足的赔偿。

9.6 突发环境事件的应急管理转型

9.6.1 环境意识、认知与响应的分歧

调查结果表明，受访者的环境意识增强并不一定意味着积极的环境行动。这一矛盾在其他研究中也得到了证实（Elliott et al.，1999；Wakefield et al.，2006；Kuai et al.，2022）。这可能归因于一些受访者对环境污染的认识不足，因为他们获得有关 ZPI 的详细污染信息的途径有限。此外，由环境污染水平和可获得的环境信息数量不同造成的感知差异导致是否采取环境行动陷入两难。环境响应水平与某些人口统计特征具有较好的相关性，例如，收入和受教育程度越高的受访者表现出越高的环境意识，在环境响应中也更积极。他们对矿业开发中潜在的环境风险有了更多的认识，有更多的机会通过新兴媒体获得最新的环境污染信息。环境意识、教育和收入水平之间的这种正相关关系与 Van Rooij（2010）报告的结果一致。值得注意的是，当地受访者的职业影响了他们的认知和行为，大多数渔民在 ZPI 之后感受到了更多的损失，并参与了环保行动。

9.6.2 基于过程的环境交流

案例分析可以推导出污染过程–格局–价值–响应链，使我们既可以分析污染事件的客观后果，也可以分析事件信息发布带来的更主观的感知，从而制定突发环境事件的应对策略。一方面，汀江污染的下游扩散（过程）导致了差异性的流域污染分布和影响（格局），并导致流域沿岸居民的经济和健康损失（客观价值），进而引起不同利益相关者对污染水平的感知（响应）。另一方面，污染信息向利益相关者传播（过程）导致了流域尺度上差异性的信息分布（格局），这种信息可得性与损失相关的信息（主观价值）结合在一起，导致利益相关者对环境污染的响应不同。因此，流域污染水平的客观差异和污染信息的主观认知使环境交流和污染控制复杂化。

受访者对污染水平的感知受到他们的直接损失和获得污染信息的影响。ZPI发生后，汀江沿线的污染水平呈现由上游向下游的累积性变化。这造成对饮用水、渔业和灌溉的严重影响，其中，永定区棉花滩水库受影响尤为严重。不幸的是，在污染信息发布方面的拖延导致了一定程度的公众恐慌，这本是可以避免的。因此，下游地区的渔民比上游地区的渔民更有可能感知损失并采取环保行动。环境污染的分布格局和相关信息的发布导致了流域尺度上不同空间范围的响应差异。

与 Zhang 等（2011b）、Parkes 等（2010）、Grayman 和 Males（2002）以及 VanLeeuwen 等（1999）等的环境研究模型相比，我们提出的基于过程的环境污染应急管理框架具有以下优点：①将客观的污染水平与主观的污染认知相结合，识别和构建环境沟通途径，而其他研究仅针对环境事件的客观或主观方面；②在突发环境事件的污染过程–格局–价值–响应链和相关应对策略中，强调利益相关者的参与和交流，这在其他研究中往往被忽视。

9.6.3 环境冲突的影响

将人们的环境感知和行动与采矿影响相结合，我们识别出矿业发展和利益相关者的环境诉求之间存在两个潜在冲突。第一个潜在冲突源于对经济利益的过度追求，导致对环境保护的重视不够。这是中国工业化过程中一个普遍问题（Zhang et al.，2011a）。企业为了实现经济利润最大化，在污染防治和治理方面的投资一直不足，将区域环境置于危险之中。短期经济收益目标和长期环境利益诉求之间的冲突对区域可持续发展带来严重挑战（Charron，2012；Collins and Kumral，2020）。

第二个潜在冲突源于与采矿开发有关的环境外部性。在调查中，受访者反映即使在 ZPI 之前，环境污染泄漏时有发生，然而这些污染并没有得到当地环保部门的及时报告。环境安全需要高昂的污染控制成本，这是中国工业化过程中普遍忽视的现象（Zhu et al.，2007；Zhang et al.，2011b；Li et al.，2020），表明“污染者付费”的环境原则没有得到严格执行。这种公共利益博弈（Wu et al.，2009；Perc and Szolnoki，2010；Xia et al.，2012；Perc et al.，2013），将在工业化时代成为推动环境–经济共同进化的动力。战略选择（惩罚或奖励）取决于在矿业开发期间提高利益相关者福利从而实现有效环境保护的潜力（Andreoni et al.，2003；Rand et al.，2009；Amirshenava and Osanloo，2022）。

9.6.4　环境应急管理转型

目前对突发环境事件的应急管理主要集中在政府主导的立法和应急处理技术，而较少关注利益相关者参与环境管理。公众参与已被证明是加强环境污染管理的有效途径（Van Rooij，2010）。居民应该有合适的途径获得居住区域潜在或者已发生环境风险的信息，并有机会参与决策过程（Holdaway，2010；Lahr and Kooistra，2010；Xia et al.，2012）。在ZPI之后，应急政策没有得到广泛的支持，因为在整个政策制定和利益攸关方的环境呼吁过程中，对受害者的参与和诉求没有给予足够的重视。

研究提出的环境污染过程–格局–价值–响应链，有助于以过程、格局、价值和响应为导向制定环境风险的应急控制和环境冲突缓解对策，推动清洁生产和环境管理转型。这些对策包括：①环境污染全过程管理。监测生产和污染治理的全过程，并及时发布相关信息，如通过早期环境风险预警系统、系统的环境事件通报制度、第三方污染监督制度和跨境环境合作制度。②实时动态的环境监测和应急处置。监测污染水平和有效的治理技术，如监测污染物的累积水平，引入有效的污染处理技术，并即时发布污染信息。③基于环境影响评估的赔偿机制。环境影响评估和损失赔偿，如经济损失评估、生态修复、环境非政府组织的参与和环境援助中心。④建立有效的环境交流管理体系。例如，公开听证制度、环境保护立法和长期规划、有效的自上而下和自下而上的应急反应体系，以及新兴媒体参与信息传播。⑤环境利益相关者的有效参与。探索提高当地居民社会福利的可持续模式，如股份合作渔业企业和有效的环境补偿制度。

9.7　小　　结

改革开放后，快速的工业化过程导致突发环境事件频发，生态系统和居民健康面临严重威胁。如何保护环境，实现清洁生产和环境管理转型成为区域可持续发展的严峻挑战。当前，工业转型已经势在必行，清洁生产、绿色生产和循环经济是必由之路。矿业发展过程中，如何预防和应对突发环境事件至关重要。建立基于过程、格局、价值和响应的环境交流机制，对缓解环境经济冲突，实现居民环境利益的合理诉求具有重要管理实践价值。

第 10 章

工业园区循环经济与绿色转型

工业园区是为了适应市场竞争和产业升级而设立的现代化产业分工协作生产区，往往是区域经济发展的引擎。工业园区消耗了大量的物质和能量，生产活动和环境排放活动强烈。本章以循环经济示范园区为例，综合评估了园区循环经济的网络关联特征和生态效率，为工业循环经济的绿色转型提供模式借鉴。

10.1　研 究 背 景

近年来，我国经济技术开发区、高新技术产业开发区等蓬勃发展，规模不断扩大，成为我国区域经济发展的重要支撑。工业园区是为了适应市场竞争和产业升级而在特定区域范围内设立的现代化产业分工协作生产区（付允和林翎，2015）。中国政府于 1984 年 9 月开始划定设立多个国家级经济区。截至 2022 年 11 月，全国共有国家级经济区 675 个，其中，国家级经济技术开发区 230 个、国家级高新技术产业开发区 172 个。工业园区布局的目的在于聚集各种生产要素，形成专业化、集约化、循环化和协作性优势，不断提升产业特色，打造支柱产业链，形成市场竞争力。然而，目前我国工业园区发展过程中面临诸多挑战，例如缺乏前瞻性规划布局、生产模式落后、物质循环利用效率不高、环境污染问题突出、转型升级困难等。

我国工业园区的环境治理模式大致经历了直接排放、稀释排放、末端治理、清洁生产和全过程控制等五个阶段，目前正处于向绿色经济、低碳经济和循环经济转型发展期（诸大建和朱远，2013）。面对全球资源耗竭与环境恶化的危机，工业园区向循环经济发展模式转型成为优先发展的方向（唐玲等，2014；黄和平，2015）。其中，“减量化，再利用和资源化”成为广为接受的循环经济发展理念（诸大建和邱寿丰，2006；黄和平，2015）。传统的循环体系强调废弃物资源化，忽略“减量化与再利用”的循环效益，这在单一企业和社会静脉产业中较为普遍（李健等，2004；Bilitewski，2012）。为全面优化生态效率、新型循环经济模式提出“预防–减量–清洁处理–资源培育”的全生命周期要求，这为传统工业园区转型指明了方向（诸大建和朱远，2013；Geng et al.，2016；Ghisellini et al.，2016）。

当前，工业园区上下游企业如何有效关联，形成完整的循环经济过程，实现产业结构优化和功能提升，已成为转型发展的挑战。为此，围绕着工业园区上下游企业的物质循环利用、生态效率、功能关联效益等方面的循环经济研究，正在不同领域展开。为识别工业园区企业关联关系与产业结构，王兆华等

(2003)、Boons 等（2017）着重解析了生态产业共生的结构及调控机理；有学者引入复杂网络分析（宋雨萌和石磊，2008）、生态网络分析（Lu et al.，2015）和社会网络分析（唐玲等，2014）等度量方法，构建工业园区网络，实现对循环经济结构关联度的分析。在功能效益层面，循环经济模式强调生态效率的最大化。为此，学者们先后建立了基于生态效率的单一指标法、指标体系法和模型法，用以衡量工业园区循环经济水平（尹科等，2012）。为揭示园区企业间的物质流转和代谢特征，生命周期评估法（LCA）（Park et al.，2015）、物质流分析方法（MFA）（张培，2010）、能值分析方法（EMA）（Geng et al.，2010）等方法被应用到循环经济过程研究中。

综合来看，研究运用多指标、综合方法进行工业园区结构分析和功能评估，可以发现工业园区转型发展的多样化问题。其中，园区结构分析突出企业关联的网络化特征，园区功效研究强调基于经济、资源和环境多维度的复合生态效率分析。综合评估工业园区关联网络特征和生态效率水平，可实现工业园区循环经济结构优化和效率提升的综合策略分析。然而，以往的研究多关注大中型成熟工业园区的循环经济发展，缺乏对小型新兴工业园区循环经济产业链及效益优化策略的分析。

为此，本研究结合 MFA、生态网络分析（ENA）和生态效率评估方法，评估了蛟洋循环经济示范园区循环经济的企业关联度和关键节点企业的功能效率水平，并从循环经济结构优化和生态效率提升的角度，探讨工业园区实现循环经济发展的转型策略，为类似循环经济园区的结构优化和能效提升提供借鉴。

10.2 蛟洋循环经济示范园区介绍

蛟洋循环经济示范园区位于福建省上杭县，始建于 2007 年，面积约 5.78 km^2，拥有企业 30 余家。2016 年产值达 206.94 亿元。从 2012 年开始，园区围绕金属冶炼、化工和建材三大支柱产业进行循环化改造，现已形成 9 家重点关联企业的循环生产网络。园区循环经济的快速发展，对调整县域经济结构，建设现代工业城镇，减缓重工业带来的资源环境压力，实现区域可持续发展具有重要意义。

我们以园区内的 9 家关键企业为研究对象，针对 2012～2016 年的企业发展情况开展了 3 次实地调研。其中，有关园区规划和管理的数据来源于蛟洋循环经济示范园区管理委员会；企业资源、环境及经济投入产出数据源自对相关企业的调研与访谈。

10.3 物质流和生态网络分析方法

10.3.1 物质流分析

MFA 是在工业代谢分析的基础上构建的，是对系统物质流动过程进行跟踪分析的一种评价方法。基于对蛟洋园区物质输入、储存、输出的跟踪调查，本研究确定了园区循环经济生产链条。

10.3.2 生态网络分析

ENA 是通过网络关联生态系统组成要素的一种方法（李中才等，2011；Zhang et al.，2015b）。工业园区网络由节点和路径组成，节点表示企业，路径表示企业间达成的物质交换关系（Vermaat et al.，2009）。

1. 连接度分析

网络结构连接度（C）表示网络各节点间的联结程度。C 值越大，网络节点间的相关性越强（Fath et al.，2007），公式如下：

$$C=L/n^2 \tag{10-1}$$

式中，n 为网络节点数；L 为节点间存在的路径数。

2. 稳定性分析

在进行生态网络稳定性测算之前，首先需要计算生态网络平均交互信息指标（average mutual information，AMI），用以表征物质交换在网络中的集中度（Fang and Chen，2015）。随着 AMI 指标值的升高，物质的流动过于集中，网络的多样性下降，从而导致网络的稳定性（D_{R}）降低（李中才等，2011），公式如下：

$$\mathrm{AMI}=K\sum_{i,j}\left(\frac{f_{ij}}{T_{..}}\right)\log\left(\frac{f_{ij}T_{..}}{T_{i.}T_{.j}}\right) \tag{10-2}$$

$$D_{\mathrm{R}} = -\sum_{i,j}\left(\frac{f_{ij}}{T_{..}}\right)\log\left(\frac{T_{.j}}{T_{..}}\right) - \mathrm{AMI} \tag{10-3}$$

式中，K 为尺度系数（针对单一系统时，K 取 1）；f_{ij} 为节点 j 流向节点 i 的流量；$T_{..}$ 为网络通量；$T_{i.}$ 为流至节点 i 的总流量；$T_{.j}$ 为节点 j 流出的总流量。

3. 韧性情景分析

在生态网络分析过程中引入韧性情景分析法，可实现对工业园区循环经济发展的抗干扰能力的评估。工业园区中的干扰是指由于设备故障、生产流程升级或取缔污染企业等行为引起节点间物质流和能量流的中断。一个节点的失效将会导致关联路径的消失，进而干扰整个工业园区的网络关联效应，这种现象被称为级联效应（Li and Shi，2015）。为此，本章通过情景预设，分析干扰企业后工业园区产生的级联效应。级联效应越强表示工业园区网络韧性越弱。在情景分析中，我们依据企业关联程度（节点关联的路径数与流量）衡量企业在工业园区网络中的重要性，按照重要性由大到小的顺序依次进行情景分析，进而得到每个干扰发生后工业园区循环经济网络的变化情况。

10.3.3 生态效率评估

1. 生态效率指标计算

生态效率本质上是一个衡量经济活动过程对自然资源利用状况或污染排放状况的指标，其核心是考察研究对象的投入产出效益。企业生态效率指标可由资源效率与环境效率两方面概括（黄和平，2015；Park et al.，2015）。在本研究中，能源、水、燃料和矿石是企业消耗的主要资源，废渣、废水、废气及其他污染气体是主要的环境污染指标。公式如下：

绝对生态效率=工业产值/资源消耗量或环境污染排放量

相对生态效率=工业产值增长倍数/资源消耗量或环境污染排放量增长倍数

2. 生态效率评估模型

本章在采用 MIN-MAX 标准化方法和 SPSS 软件的因子分析工具修正相对资源效率和环境效率指标的基础上，选择生态效率度量模型评估工业园区的循环经济水平和发展模式。该模型由曲线 $E=\sqrt{x^2+y^2}$ 和直线 x=0.5、y=0.5 构成，

x、y 分别表示资源效率、环境效率，曲线 E 表示生态效率的走势，曲线离原点越远，生态效率就越高。其中 x、y 位于［0，1］间，E 位于［0，$\sqrt{2}$］间，直线 x=0.5 和 y=0.5 将［0，1］间的正方形分成 A、B、C、D 区域，表示不同的循环经济模式（张妍和杨志峰，2007；黄和平，2015），如图 10-1 所示。

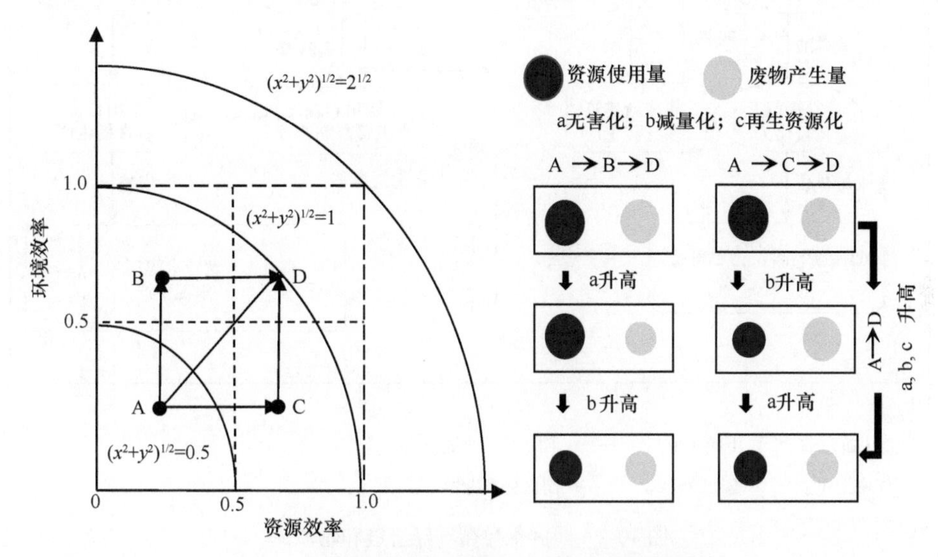

图 10-1 生态效率度量及循环经济模式评判模型

10.4 工业园区循环经济评估

10.4.1 工业园区物质流分析

通过关联金属冶炼、化工、建材生产及含氟新材料四大产业，蛟洋循环经济示范园区形成了“铜、金冶炼–副产品硫酸–磷、氟化工–副产品磷石膏、氟硅酸、氟化氢–建材、含氟材料生产”的循环经济产业链，如图 10-2 所示。其中，紫金铜业是上游企业，通过金属冶炼为其他企业提供硫酸副产品；瓮福化工、龙氟化工和瓮福蓝天是产业链的中游企业，通过磷、氟化工生产磷石膏、氟硅酸、无水氟化氢，参与园区下游循环链；德尔科技、思康新材料、泰山石膏、四川利森和建成新建筑属于下游企业，主要输出石膏板、水泥、多孔砖及含氟新材料。进一步分析企业间的供求关系发现，当前园区的循环产业链仍有

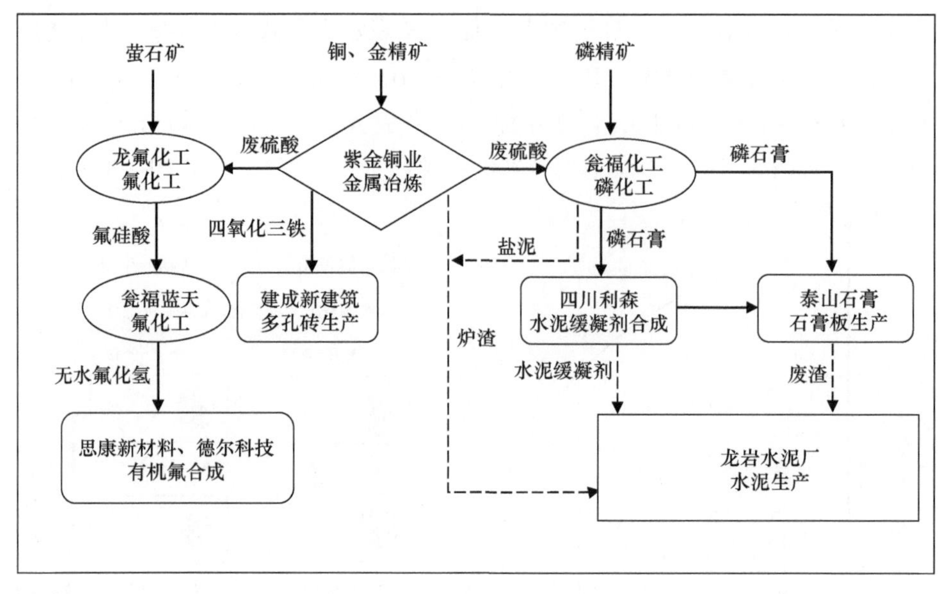

图 10-2　园区主要循环经济链和物质流

断裂之处，导致副产品过剩或紧缺：紫金铜业与瓮福化工的硫酸供需配置不合理，瓮福化工 25%的硫酸需求由园区外满足，而紫金铜业 17.4%的硫酸闲置，通过外销处理；泰山石膏、四川利森生产规模较小，导致瓮福化工 63.56%的磷石膏闲置；副产品氟化氢在园区以外销为主，下游企业对无水氟化氢的利用率仅为 5.45%；紫金铜业除生产副产品硫酸外，还输出大量末端物料，在金属冶炼末端亟待拓展对废料再利用的产业链。

10.4.2　工业园区生态网络分析

1. 园区连接度分析

在 MFA 的基础上，本文采用生态网络分析方法明确了参与循环生产的节点与路径，构建了园区循环经济网络矩阵，若企业节点 i 与节点 j 有连接，则矩阵的第 i 列第 j 行的元素为 1，否则为 0，如图 10-3。网络连接度关注园区企业连接的合理性，研究园区网络节点数 n 为 9，路径数 L 为 11，网络连接度 C

仅为 0.136，说明蛟洋园区中各企业的关联性一般。从流动方向上看，大部分企业值之间只存在单向的物质输入、输出关系，而非互相流通的关系。

	1	2	3	4	5	6	7	8	9
1	0	1	0	0	1	0	0	0	0
2	0	0	0	0	1	0	1	0	0
3	0	0	0	0	0	0	1	0	0
4	0	0	0	0	0	0	1	0	0
5	0	0	0	0	0	1	0	0	0
6	0	0	0	0	0	0	0	0	0
7	0	0	0	0	0	1	0	0	0
8	0	0	0	0	1	1	0	0	0
9	0	0	0	0	0	1	0	0	0

图 10-3 园区循环经济网络矩阵

节点企业 1：思康新材料；节点企业 2：瓮福蓝天；节点企业 3：泰山石膏；节点企业 4：四川利森；节点企业 5：龙氟化工；节点企业 6：紫金铜业；节点企业 7：瓮福化工；节点企业 8：德尔科技；节点企业 9：建成新建筑

2. 园区稳定性分析

网络稳定性分析结果显示，蛟洋园区循环经济网络的 AMI 值为 0.305，高于一般的人工网络系统（Fang and Chen，2015），说明物质在网络中的流动过于集中；D_R 值仅为 0.001，网络结构的稳定性不足。分析原因发现，研究园区物质集中度过高、网络稳定性不足，可能与园区网络连接度、多样性有关。由于循环网络节点间连接性较低，物质分散流动的途径较少，因此物质流动较为集中；从网络多样性角度分析，该园区循环经济生产链条单一，没有多样化的产业链延伸。

3. 园区韧性情景分析

在进行韧性分析之前，首先需要对园区网络各节点的关联水平进行分析。本文依据节点关联的路径数目（向内与向外）和流量（输入与输出）两个指标，进行园区网络节点的关联水平分析和重要性排序，如表 10-1 所示。

参照节点的关联水平排序，本文依次分析了不同节点干扰情景对园区网络的级联效应，如图 10-4 所示。整体来看，关联度越高的节点对园区网络的干扰程度越大，在图中表现出网络循环通量和关联节点数的大幅降低。级联效应

表 10-1　园区网络节点（企业）的关联水平评估

节点	向内路径数	向外路径数	关联路径数	输入流量	输出流量
6	0	4	4	0	880047
7	1	3	4	689847	914399
5	1	1	4	70000	5201
2	2	0	3	17000	130
8	2	0	2	2200	0
1	2	0	2	530	0
4	1	0	1	775000	0
3	1	0	1	125200	0
9	1	0	1	120000	0

注：节点向内路径数、输入流量分别指物质流入该节点的路径数、总流量；向外路径数、输出流量分别指物质流出该节点的路径数、总流量。

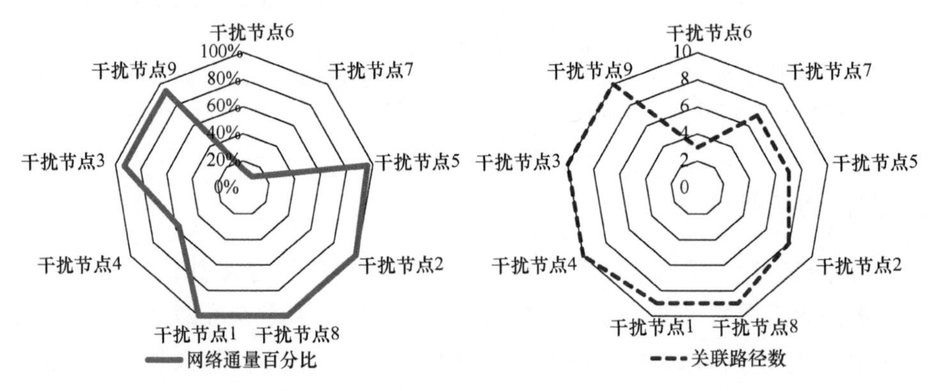

图 10-4　基于节点干扰的园区网络通量和关联路径韧性情景分析

网络通量百分比指干扰情景下的网络通量占原网络通量比例；关联路径数指干扰情景下的现存路径数（干扰发生前园区路径总数为 11）

最显著的为节点 6、节点 7（紫金铜业、瓮福化工），硫酸、磷石膏循环生产链的断裂分别导致园区 86%、89%网络通量的损失，8 条、4 条路径的消失。节点 5（龙氟化工）和节点 2（瓮福蓝天）的消失虽然干扰了 3 条、4 条路径，但由于关联流量较低，园区网络通量还能保持 96%以上。节点 8、节点 1、节点 4、节点 3、节点 9 作为下游企业，发生干扰后，仅造成 1～2 条关联路径的消失，但对园区循环通量的影响不尽相同：节点 8、节点 1（德尔科技、思康新材料）对副产品氟化氢的循环利用率不高，对园区网络通量近乎没有影响；节点 3、节点 9（泰山石膏和建成新建筑）则干扰了园区 7%的网络通量；节点 4（四川利森）关联了园区内重要的磷石膏循环链，影响了园区 46%的网络通量。

10.4.3 工业园区重点企业生态效率分析

瓮福化工、紫金铜业作为蛟洋循环经济示范园区的核心企业，是级联效应显著的关键节点，关乎工业园区循环经济发展走势。为此，有必要对其开展循环经济效率评估工作。

1. 资源效率与环境效率变化趋势

2012～2016 年，伴随瓮福化工的经济增长，资源消耗和环境负荷也呈现出增长趋势。由表 10-2 可知，2012～2015 年，瓮福化工的电力、燃料和水的资源效率平均每年各增长 1.01 倍、1.05 倍和 1.28 倍，但石膏尘、SO_2、废水环境效率及矿石资源效率的年均增长倍数仅在 0.93～0.97，呈现下降趋势。可见，随着产业资源结构的调整，瓮福化工的资源效率得以提升，但在 2016 年，瓮福化工资源效率没有继续增长，反而下降。这与该年企业缩减生产规模、经济效益降低有关。此外，矿石资源效率及环境效率逐年降低，企业对矿石废料的末端利用率不高，污染控制水平有待提升。

表 10-2　2012～2016 年瓮福化工企业生态效率变化情况

	指标	单位	2012 年	2013 年	2014 年	2015 年	2016 年
资源效率	电力	万元/tce	6.57	7.17	8.01	8.05	6.51
	燃料	万元/tce	1806.18	1806.18	2348.61	2584.01	2031.86
	水	万元/t	0.04	0.06	0.09	0.11	0.08
	矿石	万元/t	0.09	0.10	0.10	0.09	0.07
环境效率	石膏尘	万元/t	37.83	43.38	38.07	37.83	29.88
	SO_2	万元/t	226.58	259.79	227.99	226.58	178.97
	废水	万元/t	0.12	0.13	0.12	0.11	0.09

与瓮福化工相比，2012～2016 年，紫金铜业资源消耗、环境排放的增长速度普遍低于经济增长速度，生态效率提升效果较显著。表 10-3 中紫金铜业除矿石资源效率和废水环境效率下降外（年均增长倍数 0.84、0.96），其他资源、环境效率皆提升（增速在 1.02～1.59 倍）。其中，燃料资源效率、固体颗粒物环境效率的提升最为明显，年均增长倍数为 1.59、1.55。各类环境效率普遍改善，这得益于 2015～2016 年紫金铜业严格控制铜金矿污染，加强了对废弃物的管理。紫金铜业发展了余热发电等节能技术，企业的资源（电力、燃料、

水）效率得以提升。但是，其经济产值的快速增长是以扩大矿石投入为代价，因此矿石资源效率逐年降低。

表 10-3 2012～2016 年紫金铜业企业生态效率变化情况

	指标	单位	2012 年	2013 年	2014 年	2015 年	2016 年
资源效率	电力	万元/tce	171.36	233.79	241.07	243.19	336.21
	燃料	万元/tce	37.44	77.44	87.10	106.64	206.69
	水	万元/t	0.53	0.75	0.84	0.80	1.08
	矿石	万元/t	7.97	7.11	1.20	1.27	1.60
环境效率	白烟尘	万元/t	1031.00	882.83	860.64	828.10	1337.97
	废气	万元/nm^3	2.43	2.08	1.91	2.30	4.09
	固体颗粒物	万元/t	11011.00	9428.59	9191.55	26849.65	39293.29
	SO_2	万元/t	3858.85	3304.28	3206.72	2712.60	3852.15
	NO_x	万元/t	25852.10	22136.84	14833.80	18740.60	24583.49
	废水	万元/t	22338.15	19127.89	17913.19	13579.47	17253.07

2. 生态效率评估

在资源效率和环境效率分析的基础上，本研究进一步评估了瓮福化工和紫金铜业的生态效率水平，如图 10-5、图 10-6 所示。整体来看，瓮福化工和紫金铜业的生态效率水平和循环经济发展水平一直处于波动状态。2012～2014 年，瓮福化工的生态效率水平和循环经济效益高于紫金铜业，前者经历了末端治理、循环经济模式、源头削减模式间的演变，后者未实现循环经济的转型，仍以传统形式发展；2014 年之后，紫金铜业开始发展循环经济模式，生态效率得以提升，瓮福化工发展模式反而更传统化，生态效益在弱化。

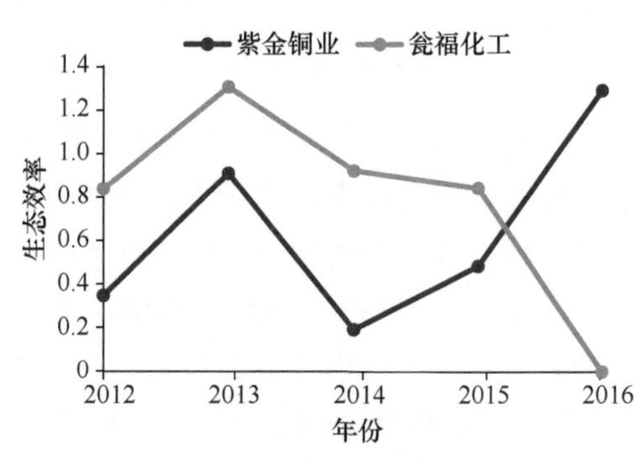

图 10-5 瓮福化工和紫金铜业生态效率变化图

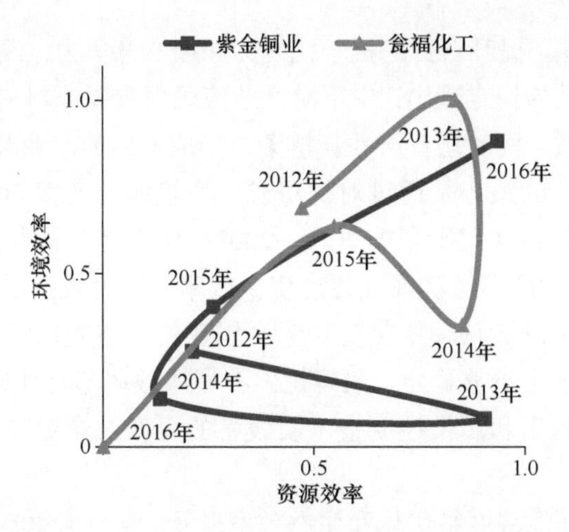

图 10-6　瓮福化工和紫金铜业循环经济变化轨迹图

10.5　工业园区循环经济的绿色转型

生态工业园区是企业间因地理靠近和产业联系而产生的网络化园区，通过基础设施、技术服务共享、物质循环利用实现多种类型的企业连接（唐玲等，2014）。其中，副产品的再利用效率直接影响园区的企业关联、产业链扩展和循环经济水平。在本研究中，磷石膏、氟化氢和金属冶炼末端物料等副产品的循环利用率较低，蛟洋园区的循环链条仍有断裂现象，导致网络关联度、多样性降低。为此，研究提出加大副产品循环利用，优化、拓展和增加循环经济链的建议：泰山石膏可增加石膏凝胶材料、陶瓷装饰生产，四川利森可增加磷石膏硫酸联产水泥生产线；在紫金铜业下游引进再生有色金属产业，对紫金铜业废料加以循环利用；适当引进以磷石膏或无水氟化氢为原料的产业，如化肥工业（磷肥、土壤改良剂）和氟化工（锂电池、脱色剂、催化剂）。

节点的级联效应放大了园区的干扰行为，进而影响了园区网络的稳定性。在企业加紧产业结构调整、经济政策响应、技术革新的背景下，如何调整园区网络结构和适应性策略，以减缓园区的级联效应和规避外界干扰，成为当前工业园区转型的挑战（Pettit et al.，2010；Li and Shi，2015）。在本研究中，上游企业的级联效应波及整个园区的循环经济发展，严重干扰中、下游企业的发展。为此，蛟洋园区在扩展和延伸循环产业链的同时，更应注意提升园区网络的稳定度，培育专业化的产业集群，以形成良性的产业协同效应。上游企业应重点优化循环经济模式，提升自身的抗干扰能力和核心竞争力，保证企业的规模化生产和重要副产品的稳定输出；中下游产业应确保重要原料的库存，建立专业化的市场配套体系，同时培育产业新链条，形成多向的产业共生关系。

生态效率指标的核心是通过对比资源、环境增长速度与经济发展速度，判定系统的循环效益（张妍和杨志峰，2007；谢园园和傅泽强，2012；黄和平，2015）。稳定的循环经济模式要求资源效率、环境效率的协同发展，强调源头削减和末端治理。从瓮福化工和紫金铜业的生态效率发展轨迹看，企业的循环经济发展水平不够稳定，尤其是矿石资源效率与环境效率较低。为此，矿石废料的二次利用和污染控制技术及设备的更新对企业循环经济的发展尤为关键。

如何实现循环经济网络优化和生态效率提升，成为工业园区绿色转型与发展的关键。一方面，企业关联网络优化（例如，副产品的供需平衡，废弃物管理的共享机制）可以降低生产成本、提高资源利用率和控制污染物排放，综合提升工业园区的经济、资源和环境效益（Behera et al.，2012；Park and Behera，2014）。另一方面，企业的生态效率直接影响园区循环经济网络结构的稳定性，企业节点失效将对园区网络造成不同程度的干扰（李湘梅等，2014；Li and Shi，2015）。

研究发现：①园区循环链条单一，抗市场风险能力不强。当前循环生产过程依托“铜、金冶炼–副产品硫酸–磷、氟化工–副产品磷石膏、氟硅酸、氟化氢–建材、含氟材料生产”单一产业链展开，上下游企业供需存在不平衡现象；②园区企业间关联性不足，网络结构稳定性较弱，韧性和抗干扰能力较差。关键节点（瓮福化工和紫金铜业）对下游企业的级联效应显著，关乎整个园区循环经济发展存亡；③园区重点企业的生态效率浮动大，尚未形成稳定的循环经济发展模式。其中，紫金铜业的生态效率增长态势较好，从源头削减模式逐渐过渡为循环经济模式；瓮福化工的生态效率呈现下降趋势，早期在末端治理、循环经济、源头削减间徘徊，后期企业生态效率弱化，循环经济转型举步维艰。蛟洋循环经济示范园区是我国工业经济转型的一个缩影，反映了产业集群在物质循环、全过程控制、市场竞争等方面的循环经济模式探索。未来，推进资源与能源的节约利用，提高资源利用效率，推行全过程清洁生产与废弃物减量，培育形成园区内外的循环经济网络，将是我国工业园区发展循环经济，实现绿色转型的必由之路。

第 11 章

农业用水过程与节水转型

水资源不仅是人类生产和生活不可或缺的自然资本，而且对于消除贫困、粮食安全和保护生态系统至关重要。本章主要基于水足迹（water footprint，WF）理论，从绿水和蓝水视角分析农业水资源的利用程度，同时从产量和产值两方面构建水足迹生产力指标，综合分析了水足迹与农业产量及经济效益之间的互动关系及其区域演变过程，探讨了节水农业转型策略。

11.1 研究背景

随着全球人口膨胀、人类生产用水增多、生活消费的高耗水食品增长、取水过量、气候变暖等原因，水源性和水质性缺水压力越来越大（Sun et al.，2013；Liu et al.，2017a；Karandish et al.，2020；Ma et al.，2020b）。可利用水资源的短缺不仅成为制约社会经济可持续发展的因素，而且对生态环境安全构成严重威胁（Vörösmarty et al.，2010；Liu et al.，2015a）。水资源危机已演变为全球最受关注的资源环境问题之一，被认为是21世纪人类面临的最大挑战（Vogel et al.，2015）。据预测，2030年全球47%的人口将生活在严重缺水的国家和地区。此外，全球淡水资源分布极不均衡，加剧了干旱、半干旱国家和地区的水资源压力。在此背景下，水足迹理论被认为是解决水资源分布不均的重要策略之一，引起了水资源管理、农业生产、环境评价等领域学者的极大兴趣。

水足迹是指一个国家（地区或个人）在一定时期内消耗的所有产品和服务中所含的水量（Hoekstra，2017；Hoekstra et al.，2019）。WF是对传统用水计量指标的补充，它具有以下特点：①它将水的物理形态（直接用水）与水的虚拟形态（间接用水）联系起来，并将虚拟水的研究从地理尺度（国家、地区和流域）扩展到个人和产品尺度。②将水资源研究的边界从蓝水足迹扩展到绿水足迹和灰水足迹（Chapagain et al.，2006；Qian et al.，2019）。蓝水是指地表或地下的水资源；绿水是指储存在土壤的根区并被植物蒸发、蒸腾或吸收的降水；灰水是同化污染物以满足特定水质标准所需的淡水量（Chapagain et al.，2006；Ma et al.，2020b）。基于此，WF的提出解决了绿水研究不足和水质水量独立评价的问题，从而拓宽了水资源的评价体系和内涵（Qian et al.，2019）。③WF将水资源评估与人类消费模式联系起来（Wang et al.，2019；Song et al.，2020）。从消费的角度计算水资源的真实占有率，有助于人们理解虚拟水的含义，提高节水意识（Hoekstra and Mekonnen，2012）。由于上述特点，WF自问世以来就受到世界各国学者的广泛关注，成为衡量和评价人类活动对水资源系统环境影响的重要指标之一。

尽管有大量研究广泛关注各种作物的 WF，但仍然有三方面的不足。首先，虽然绿水是作物 WF 的主要贡献者，但很少有专门指标来详细分析绿水足迹的特征（Wei et al.，2016；Chu et al.，2017）。其次，大多数研究没有考虑或提及农田是否充分灌溉，导致估算的 WF 高于实际 WF，特别是在干旱半干旱地区。最后，目前衡量作物 WF 最常用的指标之一是单位产量虚拟水含量（Zeng et al.，2012），然而，除了粮食产量之外，还应计算单位产值虚拟耗水量，它可以代表 WF 的经济效益。单位产量虚拟水含量和单位产值虚拟耗水量可以从不同的角度反映 WF 的生产力，二者的关联性也有待进一步探索和讨论。

11.2 农业水足迹测算

11.2.1 张家口市概况

张家口市位于中国河北省，面积 3.68 万 km^2，下辖 16 个县（区）。2022 年，全市总人口 457 万，GDP 为 1775.2 亿元，在河北省 11 个地级市中排名第 11，人均 GDP 低于全省平均水平 53.9%。张家口地区位于干旱半干旱气候区，年平均降水量仅为 409 mm，而年平均蒸发量却高达 1315 mm。人均水资源量约 350 m^3，不到全国水平的 1/5，是中国水资源短缺最严重的地区之一，区域可持续发展受到威胁。

张家口市具有两个地理特征不同的地区，即平均海拔 1368 m 的西北部坝上地区和平均海拔 681 m 的东南部坝下地区。坝上地区气温较低，适合种植蔬菜等生长期较短的农作物；而坝下地区气温较高，适合种植玉米等生长期较长的农作物。2015 年，张家口市农业灌溉占全市用水总量的 70%以上，高于全国平均水平 10%以上。然而，灌溉农田面积从 2005 年到 2015 年增加了 5.02 万 hm^2，增长了 28%，这加剧了区域水资源短缺。

11.2.2 农业水足迹计算

1. 绿水足迹

绿水蒸发量使用联合国粮食及农业组织（Food and Agriculture Organization

of the United Nations，FAO）推荐的 CROPWAT 8.0 模型，每 10 d 计算一次。每 10 d 绿水蒸发量等于有效降水量与作物蒸散量之间的最小值。有效降水量采用 CROPWAT 8.0 模型中默认的美国农业部土壤保护局推荐的方法计算。总绿水足迹（GWF_t）等于灌溉农田绿水足迹（GWF_i）和雨养农田绿水足迹（GWF_r）之和。

$$ET_g = \sum \min(ET_c, P_e) \tag{11-1}$$

$$GWF_i = 10A_i \times ET_g \tag{11-2}$$

$$GWF_r = 10A_r \times ET_g \tag{11-3}$$

$$GWF_t = GWF_i + GWF_r \tag{11-4}$$

式中，ET_g（mm）为 10 d 总绿水蒸发量；ET_c（mm）和 P_e（mm）分别为 10 d 作物蒸散量和有效降水量；A_i（hm^2）和 A_r（hm^2）分别为灌溉农田和雨养农田的作物种植面积；10 是从 mm 到 m^3/hm^2 的系数。

2. 蓝水足迹

目前，计算灌溉农作物蓝水足迹的方法主要有两种：第一种是通过 CROPWAT 8.0 模型，计算理想条件下，作物生长所需要的蓝水蒸发量。因为农作物通常无法完全灌溉，特别是在干旱地区，这种方法实际上计算的是蓝水足迹需求（BWF_r）。第二种是以实际灌溉用水量作为蓝水足迹，但由于蒸发、入渗等不可避免的因素，灌溉用水并不能全部被农作物吸收，即这不是作物真正的蓝水足迹消耗（BWF_c）。因此，我们将分别计算 BWF_r 和 BWF_c。

$$ET_b = \sum \max(0, ET_c - P_e) \tag{11-5}$$

$$BWF_r = 10A_r \times ET_b \tag{11-6}$$

式中，ET_b（mm）为总蓝水蒸发量；

$$BWF_c = W_i \times \eta \tag{11-7}$$

式中，W_i 为实际灌溉用水量；η 为灌溉用水有效利用系数。

3. 农业水足迹总量

相应地，农业水足迹总量分为总水足迹需求（TWF_r）和总水足迹消耗（TWF_c）。

$$TWF_r = BWF_r + GWF_i + GWF_r \tag{11-8}$$

$$\mathrm{TWF_c} = \mathrm{BWF_c} + \mathrm{GWF_i} + \mathrm{GWF_r} \tag{11-9}$$

11.2.3 绿水足迹占用率和蓝水足迹赤字

1. 绿水足迹占用率

部分学者从生态水文学的角度提出了绿水占用指数，认为整个区域的绿水总量等于降水总量减去蓝水总量。然而，作物可以利用的绿水只是耕地中储存的一部分降水。因此，本文提出了一个基于种植面积的绿水足迹占用率，计算公式如下：

$$\mathrm{GWF_{or}} = \frac{\sum \mathrm{GWF}}{10P\sum A} \times 100\% \tag{11-10}$$

式中，$\mathrm{GWF_{or}}$ 为绿水足迹占用率；P（mm）为降水量；$\sum$GWF 和$\sum A$ 分别为绿水足迹和农作物种植面积之和。

2. 蓝水足迹赤字

目前，对蓝水足迹的研究较多关注了蓝水的需求量或消耗量，对于蓝水稀缺程度的研究相对较少。因此，借鉴生态足迹赤字的概念，我们提出了蓝水足迹赤字（$\mathrm{BWF_d}$）。

$$\mathrm{BWF_d} = \frac{(\mathrm{BWF_r} - \mathrm{BWF_c})}{\eta} \tag{11-11}$$

当 $\mathrm{BWF_d}$ 小于零时，代表蓝水盈余；当 $\mathrm{BWF_d}$ 大于零时，值越大，蓝水短缺越大。

11.2.4 水足迹生产力计算

1. 单位产量虚拟水含量

单位产量虚拟水含量（VWY）也称为单位产量 WF。它由三部分组成：单位产量蓝水足迹（$\mathrm{VWY_{bc}}$）、单位产量灌溉农田绿水足迹（$\mathrm{VWY_{gi}}$）和单位产量雨养农田绿水足迹（$\mathrm{VWY_{gr}}$）。

$$\mathrm{VWY_{bc}} = \frac{\mathrm{BWF_c}}{Y} \tag{11-12}$$

$$\mathrm{VWY_{gi}} = \frac{\mathrm{GWF_i}}{Y} \tag{11-13}$$

$$\mathrm{VWY_{gr}} = \frac{\mathrm{GWF_r}}{Y} \tag{11-14}$$

$$\mathrm{VWY} = \mathrm{VWY_{bc}} + \mathrm{VWY_{gi}} + \mathrm{VWY_{gr}} \tag{11-15}$$

式中，Y是作物产量。

2. 单位产值虚拟耗水量

为了比较相同价格下不同年份单位产值虚拟耗水量的特征，需要排除价格变化对农作物 GDP 的影响。在 2005 年的基础上，对 2010 年和 2015 年的农作物 GDP 总量进行了修正。经计算，2010 年和 2015 年 GDP 分别是 2005 年的 1.56 倍和 2.04 倍。

$$\mathrm{GDP_{2010}} = \mathrm{GDP_{2005}} \times 1.56 \tag{11-16}$$

$$\mathrm{GDP_{2015}} = \mathrm{GDP_{2005}} \times 2.04 \tag{11-17}$$

式中，$\mathrm{GDP_{2005}}$是 2005 年农作物的实际 GDP。

单位产值虚拟耗水量（VWV）等于 WF 除以 GDP，也由三部分组成，反映 WF 的经济效益。

$$\mathrm{VWV_{bc}} = \frac{\mathrm{BWF_c}}{\mathrm{GDP}} \tag{11-18}$$

$$\mathrm{VWV_{gi}} = \frac{\mathrm{GWF_i}}{\mathrm{GDP}} \tag{11-19}$$

$$\mathrm{VWV_{gr}} = \frac{\mathrm{GWF_r}}{\mathrm{GDP}} \tag{11-20}$$

$$\mathrm{VWV} = \mathrm{VWV_{bc}} + \mathrm{VWV_{gi}} + \mathrm{VWV_{gr}} \tag{11-21}$$

式中，$\mathrm{VWV_{bc}}$是单位 GDP 所需的蓝水足迹；$\mathrm{VWV_{gi}}$是灌溉农田单位 GDP 所需的绿水足迹；$\mathrm{VWV_{gr}}$是雨养农田单位 GDP 所需的绿水足迹。

11.2.5 数据来源

CROPWAT 8.0 模型所需的气象参数包括相对湿度、风速和日照时数，来自《张家口经济年鉴》(2006 年、2011 年和 2016 年）和从 14 个当地气象站收集到的数据。同时，每个县的最高温度和最低温度可以从气象网站获取[①]。根据张家口市的实际情况，在 CROPWAT 8.0 模型中默认值和 FAO 第 56 号文件《作物蒸发腾发量——作物需水量计算指南》的基础上，对作物的参数，如播种和收获日期、根系深度、作物系数、生长期、作物高度等进行了修改（Allen et al.，1998）。灌溉和雨养农作物的种植面积、产量、区域生产总值等数据均来自《张家口经济年鉴》(2006 年、2011 年和 2016 年)。灌溉实际用水量和水资源利用效率数据来源于《张家口市水资源公报》（2005 年、2010 年和 2015 年）及相关政府工作报告。

11.3 农业水足迹供需特征与生产力分析

11.3.1 农业水足迹需求量动态演变分析

2005～2015 年，张家口市农作物总需水量从 16.71 亿 m^3 增加到 18.52 亿 m^3，年均增长率为 1.03%（图 11-1）。灌溉农田的 WF 需求增加了 2.32 亿 m^3，其中 BWF_r 从 5.26 亿 m^3 增加到 6.61 亿 m^3，GWF_i 从 2.9 亿 m^3 增加到 3.87 亿 m^3。GWF_r 需求从 8.54 亿 m^3 降至 8.03 亿 m^3。因此，灌溉农田 WF 需求从 49%增加到 57%，雨养农田的 WF 从 51%减少到 43%。

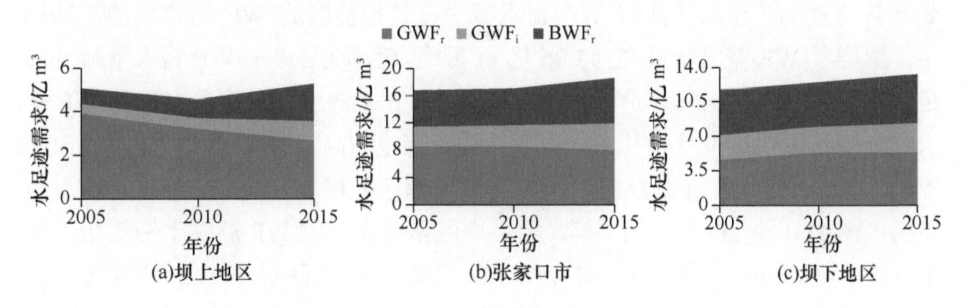

图 11-1 2005～2015 年作物的总水足迹需求

1. 水足迹需求空间格局

总的来说，WF 需求和海拔之间的关系呈负相关关系（图 11-2）。在研究期间，坝上地区每个区县的平均 WF 需求量从 1.01 亿 m^3 增加到 1.05 亿 m^3，

① http://www.tianqi.com/qiwen/city_zhangjiakou.

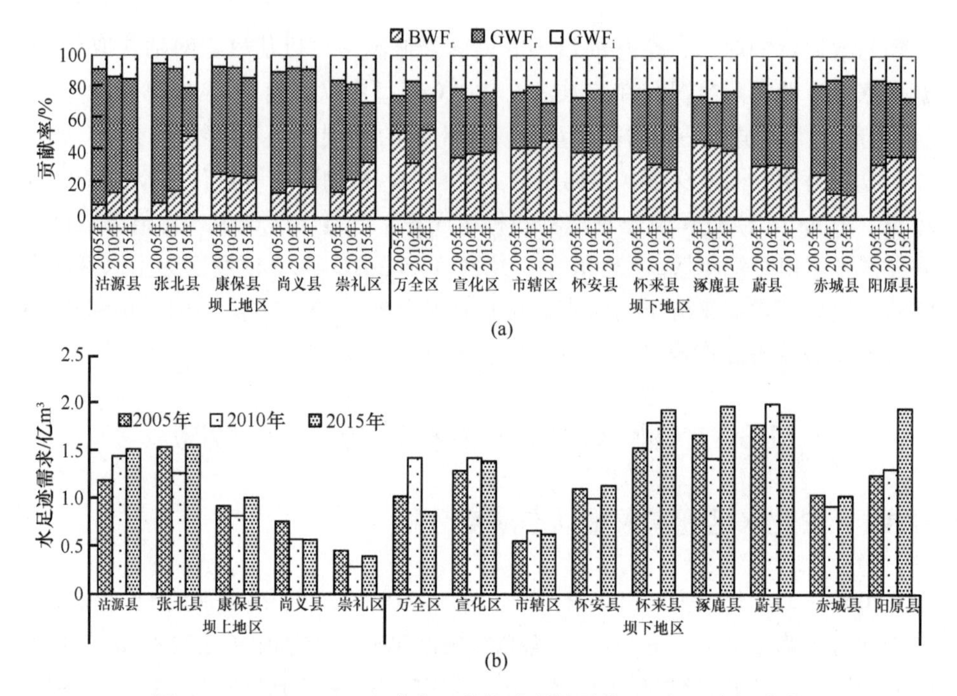

图 11-2 2005～2015 年张家口作物水足迹需求（WF_r）空间分布

而坝下地区的平均 WF 需求量从 1.30 亿 m^3 增加到 1.47 亿 m^3。其中，崇礼区、尚义县、万全区和赤城县的 WF 需求减少，其他县区的 WF 需求增加。2015 年，涿鹿县 WF 需求量最高（2.05 亿 m^3），贡献率为 11%；WF 需求量最低的是崇礼区（0.41 亿 m^3），贡献率为 2%。在 WF 来源方面，雨养农田的 WF 需求贡献率与海拔高度呈正相关，也就是说，海拔越高，该地区雨水灌溉农田的 WF 需求比例越大。灌溉农田的 WF 需求比例正好相反，但这一特征正在逐渐减弱（图 11-1）。2005～2015 年，坝上地区雨养农田的 WF 需求比例从 78%降至 51%，而坝下地区保持在 40%～43%。2015 年，雨养农田 WF 需求比例最高的三个县是赤城县（73%）、尚义县（72%）和沽源县（63%）；灌溉农田 WF 需求比例最高的三个县区是万全区（79%）、市辖区（77%）和张北县（71%）。

2. 水足迹需求作物间差异

2005～2015 年，张家口市豆类和蔬菜的 WF 需求量分别从 1.33 亿 m^3 和 1.34 亿 m^3 下降至 0.79 亿 m^3 和 0.95 亿 m^3。其他作物的 WF 需求量均在增加，增长率差异显著。马铃薯的 WF 需求量增幅最大，为 47%，从 2.27 亿 m^3 增至 3.33 亿 m³，油料作物的 WF 需求量增幅最小，为 8%，从 1.21 亿 m³ 增加至 1.31 亿 m³。

由于农作物种植面积差异较大，农作物对 WF 需求的贡献率差异很大，尤其是在坝上地区和坝下地区之间（图 11-3 和图 11-4）。在坝上地区，马铃薯的贡献率从 25%上升到 44%，而蔬菜和豆类分别从 18%和 11%下降到 9%和 5%，水果最小，仅占 1%～3%。在坝下地区，谷类的贡献率一直最大，占 62%～66%，蔬菜的贡献率最小，占 3%～4%。

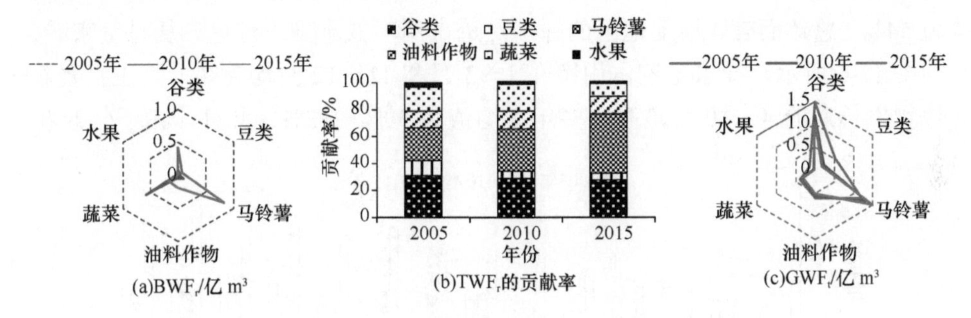

图 11-3　坝上地区总水足迹（TWF_r）需求和贡献率

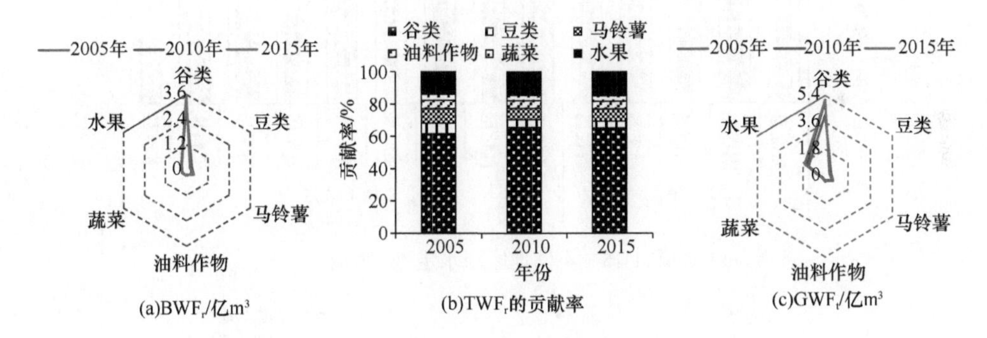

图 11-4　坝下地区总水足迹（TWF_r）需求和贡献率

在蓝水足迹方面，坝上地区蔬菜的贡献率从 70%大幅下降到 10%，马铃薯和谷类的贡献率分别从 5%和 12%提高到 25%和 40%；坝下地区以谷类贡献率最大，占比 68%～73%，其他作物基本稳定。在绿水足迹方面，坝上地区谷类贡献率从 34%下降到 29%，马铃薯从 28%上升到 42%；坝下地区，谷类的贡献率也一直最大，维持在 58%～63%，其次是水果，维持在 20%左右。

根据上述分析，谷类 BWF_r 和蔬菜 BWF_r 的贡献率高于 GWF_t，这意味着这两种作物生长过程中需要更多的蓝水（灌溉水）。其他作物 BWF_r 的贡献率

小于 GWF_t 的贡献率，这意味着这些作物生长更依赖绿水，即雨水。

11.3.2 农业水足迹供需关系分析

1. 绿水足迹占用率

2005～2015 年，张家口市绿水足迹占用率为 48%～60%（图 11-5）。其中，坝上地区为 43%～49%，平均为 44%，而坝下地区为 51%～59%，平均为 54%。总体而言，坝上地区的绿水足迹占用率低于坝下地区。从月份来看，如图 11-6 所示，绿水足迹占用率在 1～3 月和 11～12 月均为零，而在主要农作物生长期的 4～10 月最高，多年平均值为 58%～83%。此外，由于气候和

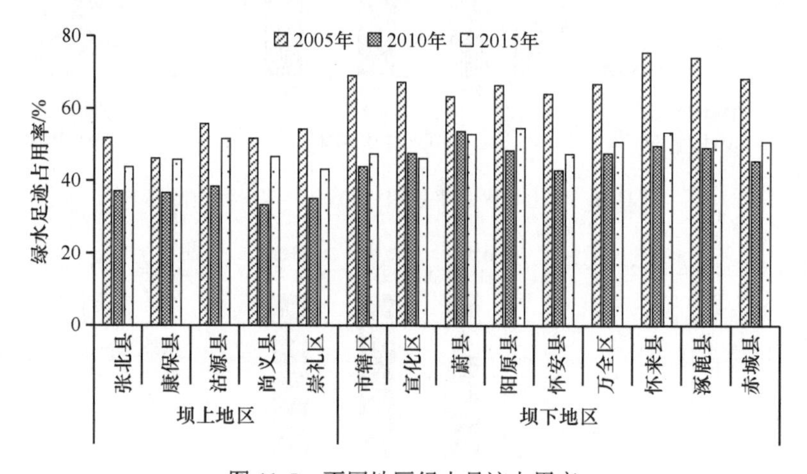

图 11-5 不同地区绿水足迹占用率

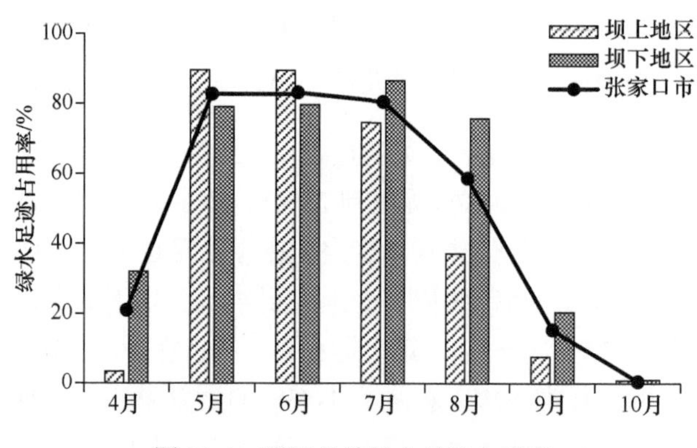

图 11-6 不同月份绿水足迹占用率

农作物种植面积的差异，坝上地区5～6月的绿水足迹占用率高于坝下地区，其他月份则相反。

2. 蓝水足迹赤字

由于灌溉用水效率的提高，张家口市的蓝水足迹赤字由2005年的5.44亿m^3减少到2010年的4.80亿m^3。然而，随着灌区面积的迅速扩大，用水效率的提高并不足以抵消2010年后灌溉农田扩大导致的用水需求增加，导致2015年蓝水足迹赤字增加至6.12亿m^3，蓝水短缺的形势更加严峻。

在县域层面（图11-7），坝上地区县域蓝水足迹赤字普遍低于坝下地区县域。坝上地区部分县区在2015年之前甚至处于蓝水过剩状态，而坝下地区则一直处于蓝水短缺状态。其中阳原县（位于坝下地区）蓝水赤字最大，由0.88亿m^3增加到1.16亿m^3；尚义县（位于坝上地区）蓝水赤字最小，由0.08亿m^3减少到0.04亿m^3。在作物方面（图11-8），谷类、豆类和水果的蓝水足迹减少，而马铃薯、油料作物和蔬菜的蓝水足迹增加。其中，谷类蓝水赤字最大，年均缺水3.63亿m^3，蔬菜最小，2005年和2010年均处于蓝水过剩状态。

11.3.3 农业水足迹生产力分析

1. 单位产量虚拟水含量

如图11-9所示，张家口市单位产量虚拟水含量（VWY）从2005年的

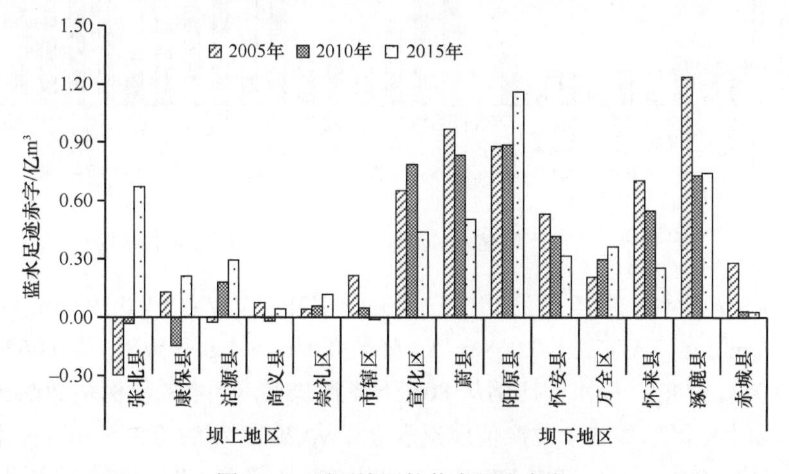

图11-7 不同地区的蓝水足迹赤字

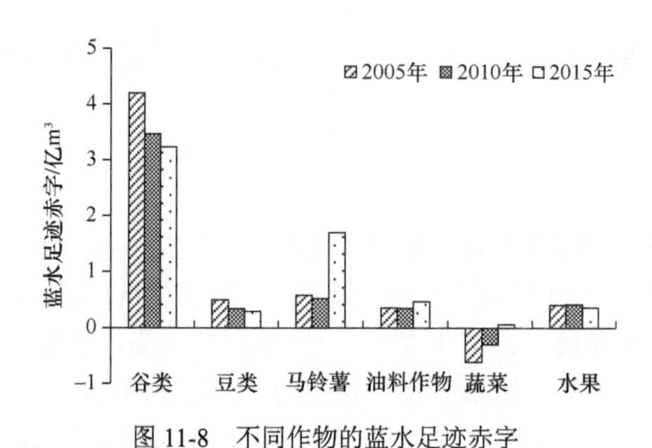

图 11-8 不同作物的蓝水足迹赤字

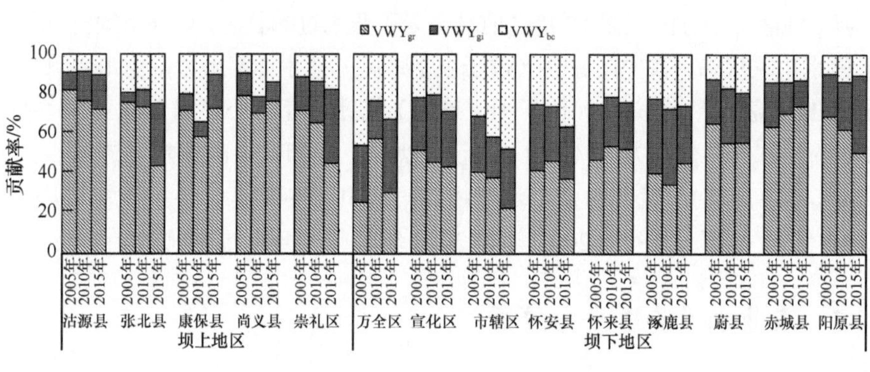

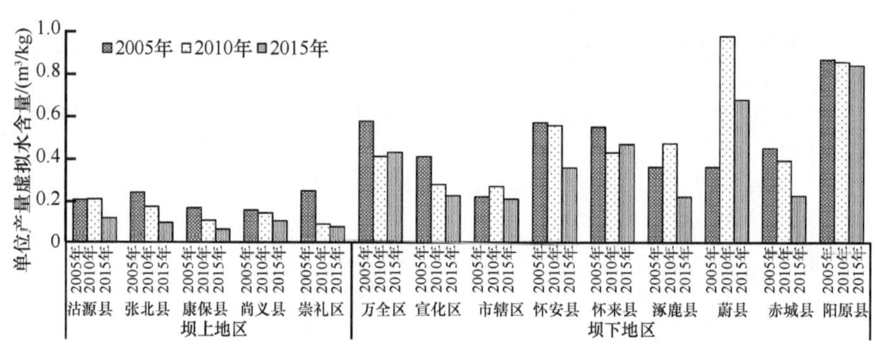

图 11-9 单位产量虚拟水含量（VWY）的空间分布和结构

0.331 m^3/kg 下降到 2015 年的 0.195 m^3/kg。其中，VWY_{gr} 从 0.199 m^3/kg 下降到 0.103 m^3/kg，VWY_{gi} 从 0.068 m^3/kg 降至 0.050 m^3/kg，VWY_{bc} 从 0.065 m^3/kg 降至 0.043 m^3/kg。绿水的比例从 80%下降到 78%，蓝水的比例从 20%上升到 22%。坝上地区农作物单位产值虚拟水含量从 2005 年的 0.205 m^3/kg 下降到 2015 年的 0.091 m^3/kg，其中 VWY_{gr} 占比从 77%下降到 64%，VWY_{gi} 占比从 8%

上升到 21%，VWY_{bc}的占比保持在 15%左右。坝下地区农作物单位产量虚拟水含量由 2005 年的 0.505 m^3/kg 下降至 2015 年的 0.393 m^3/kg，其中 VWY_{gr}占比由 51%下降至 43%，VWY_{gi}占比由 27%下降至 24%，VWY_{bc}的比例从 22%增加到 34%。阳原县和康保县农作物单位产量虚拟水含量分别为 2015 年最高（0.89 m^3/kg）和最低（0.06 m^3/kg）。

不同作物而言，如图 11-10 所示，研究期间单位产量虚拟水含量的多年平均值从高到低依次为豆类（2.40 m^3/kg）、油料作物（2.38 m^3/kg）、谷类（0.82 m^3/kg）、马铃薯（0.78 m^3/kg）、水果（0.46 m^3/kg）和蔬菜（0.04 m^3/kg）。从变化趋势看，所有作物的单位产量虚拟水含量均有所下降，其中，马铃薯从 1.36 m^3/kg 下降到 0.78 m^3/kg，降幅达 43%；谷类从 0.892 m^3/kg 下降到 0.807 m^3/kg，降幅最小，为 10%。蓝水方面，蔬菜和水果的 VWY_{bc}下降，其他作物的 VWY_{bc}上升。此外，坝上地区各作物的平均 VWY_{bc}低于坝下地区。除蔬菜外，坝上地区 VWY_{bc}比例仅为 7%，而坝下地区为 26%。

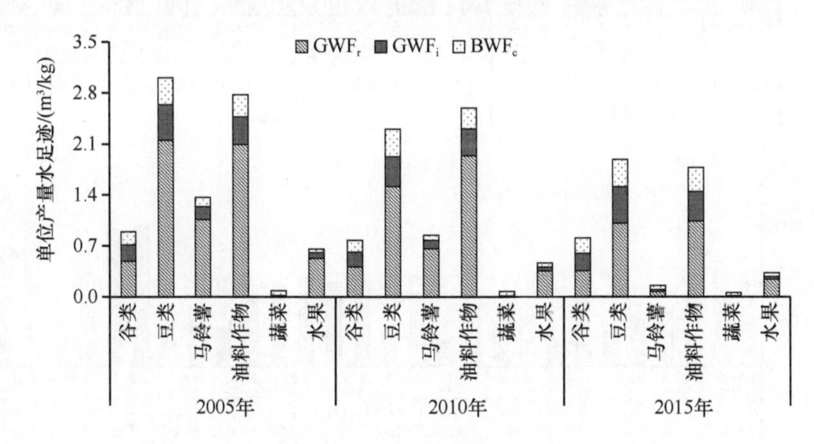

图 11-10 不同作物的单位产量虚拟水含量（VWY）

2. 单位产值虚拟耗水量

与 VWY 持续下降不同，张家口市单位产值虚拟耗水量（VWV）从 2005 年的 3380 m^3/万元下降到 2010 年的 2183 m^3/万元，然后增加到 2015 年的 2344 m^3/万元。绿水贡献率从 80%下降到 78%，蓝水贡献率从 20%提高到 22%，与 VWY 持平。坝上地区的 VWV 从 2811 m^3/万元下降到 1394 m^3/万元，降幅达 50%；而坝下地区降幅只有 17%。尚义县降幅最大，达 65%；蔚县降幅最小，仅下降 2%。然而，并不是每个县的 VWV 都下降了，沽源县和阳原县的

VWV 均呈现上升趋势。

从贡献率的空间差异来看（图 11-11），坝上地区 VWV_{gr} 占比从 2005 年的 77%下降到 2015 年的 64%，VWV_{gi} 占比从 8%提升到 21%，VWV_{bc} 占比稳定在 15%左右。坝下地区 VWV_{gr} 占比由 2005 年的 51%下降至 2015 年的 49%，VWV_{gi} 占比稳定在 27%左右，VWV_{bc} 占比由 22%上升至 24%。因此，总体上，总绿水含量相对稳定，但 GWF_r 和 GWF_i 的比例变化较大，表现为 GWF_r 下降，GWF_i 上升。

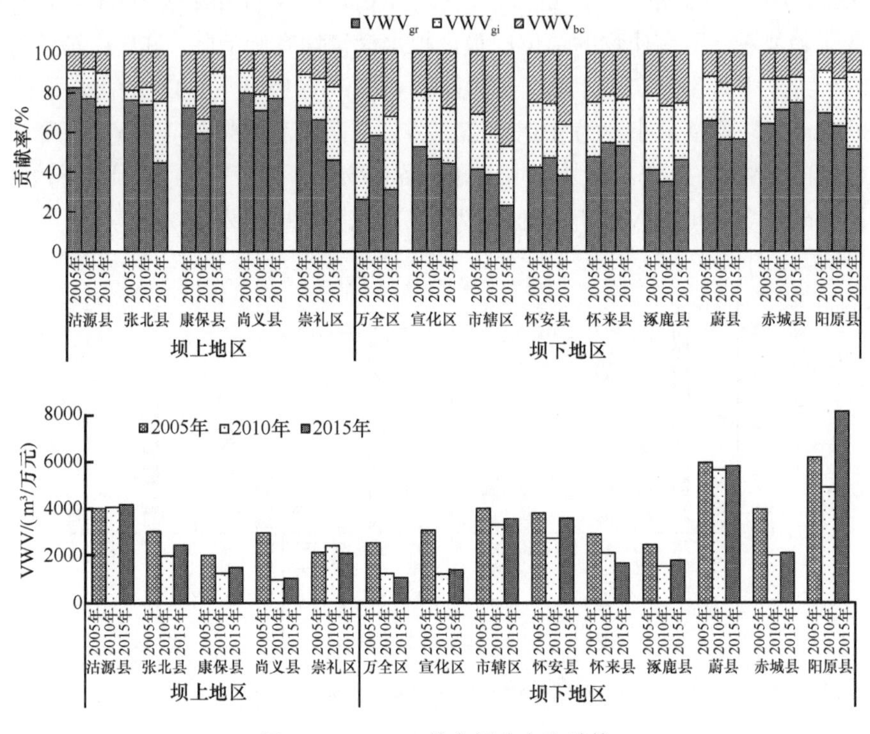

图 11-11 VWV 的空间分布和结构

如图 11-12 所示，2005～2015 年，谷类、豆类和油料作物的 VWV 先降后升，而马铃薯、蔬菜和水果的 VWV 持续下降。VWV 的多年平均值从高到低依次为豆类（8697 m^3/万元）、油料作物（8391 m^3/万元）、谷类（5590 m^3/万元）、马铃薯（3062 m^3/万元）、水果（2356 m^3/万元）和蔬菜（540 m^3/万元）。蓝水和绿水占比方面，2005～2015 年，蔬菜中蓝水的占比最高（53%），而水果中蓝水的占比最低（6%）。从变化趋势看，水果中蓝水和绿水的占比比较稳定，分别维持在94%和6%；蔬菜中蓝水占比逐渐下降，绿水占比逐渐上升；其他作物的蓝水占比增加，绿水占比下降。

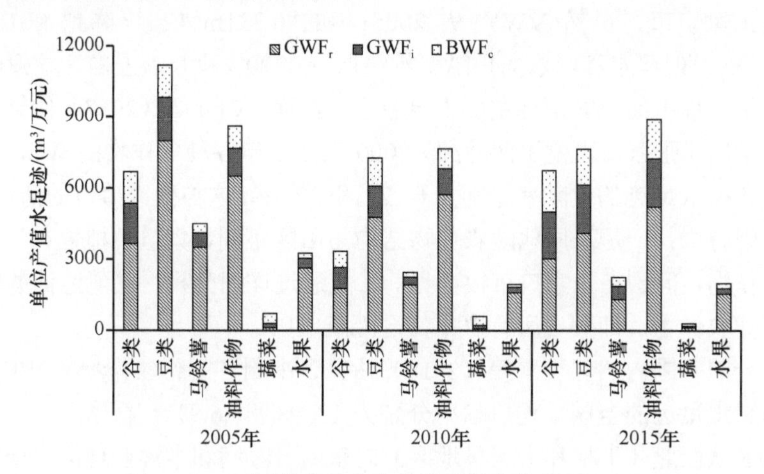

图 11-12　不同作物单位产值虚拟耗水量（VWV）

11.4　讨论与小结

11.4.1　水足迹供需存在明显的差异

CROPWAT 8.0是为估算作物在当地气候条件下（如土壤、温度和日照时数）每个生长阶段的水分蒸发量（需水量）而开发的，用于指导农业灌溉。然而，由于农业生产中缺水和供水基础设施不完善，干旱和半干旱地区的农作物往往得不到充分灌溉。与此同时，在一些水资源丰富的地区，农作物存在过度灌溉的现象。因此，在估算作物WF时，不能简单地用理想条件下作物水分蒸发量与作物种植面积的乘积来代表作物实际消耗的WF。尽管也有少数研究考虑到了这一点，例如，Cao等（2014）估计了中国小麦WF，并通过比较蓝水需求和实际灌溉水量来确定蓝水足迹；Hoekstra等（2011）估算中国、印度和其他国家的水稻WF时，假设某些地区的水稻生产已完全灌溉。然而，这些研究都未能进一步考虑作物生长过程中很可能存在灌溉不足或过度灌溉的问题。因此，为了弄清作物生长过程中WF需求和WF消耗之间的真实关系，本研究引入了蓝水足迹赤字，能够更好地识别农业生产中农作物WF需求与WF消耗的差异。

11.4.2 绿水在农业生产中的贡献值得重视

在张家口市，虽然 VWY 从 2005 年的 0.331m^3/kg 下降到 2015 年的 0.195m^3/kg，但蓝水和绿水的贡献率始终保持在 20%和 80%左右，这意味着农作物生长过程中的 WF 消耗主要来自绿水。然而，Chu 等（2017）估算了河北省南部平原（张家口市位于西北部）2000～2012 年各种农作物的 WF，得出蓝水足迹和绿水足迹的贡献率分别为 67.2%和 32.8%，这与张家口市的情况相反。主要原因有二：一是平原地区农作物结构与山区不同，大量种植棉花、水稻等高耗水作物，但这在张家口市很少见；二是通过详细分析，发现他们的研究忽略了雨养农作物，即假设所有农田都是灌溉农田。

在全国范围内，郭相平等（2018）估算了中国各省份农作物的 WF，蓝水足迹和绿水足迹的全国平均贡献率分别为 13.1%和 86.9%。总体而言，农作物的总 WF 从西北（干旱和半干旱地区）向东南（湿润和半湿润地区）增加，但蓝水的贡献率恰恰相反。这是因为水资源丰富地区的农作物因降水对蓝水的需求较少，而干旱地区的农作物对蓝水的依赖程度更高，这反过来又进一步加剧了这些地区的缺水压力。在全球尺度上，Hoekstra 和 Mekonnen（2012）估算了 1996～2005 年全球 126 种农作物的 WF，得出蓝水足迹对全球农作物生长的贡献率为 13.3%，而绿水足迹的贡献率为 86.7%，即使在灌溉农田中，绿水足迹仍占 54.5%之多。

从以上分析可以看出，绿水在农作物生产中发挥着极其重要的作用，特别是在干旱和半干旱地区。本章介绍的绿水足迹占用率，将为进一步研究如何充分利用绿水资源、减轻蓝水压力提供一种新的思路。

11.4.3 水足迹的经济效益和粮食生产力

VWY 和 VWV 分别被认为是 WF 的粮食生产力和经济效益。几乎所有现有研究都分析了 VWY，但很大程度上忽略了 VWV，可能原因如下：首先，WF 概念是从虚拟水衍生出来的，虚拟水的提出主要是为了探索国际贸易中嵌入农产品的水的流动特征，农产品一般是以物质量来衡量。其次，从食物产量的角度分析 WF，更容易在国家和地区之间进行比较。最后，随着全球人口的爆炸式增长，粮食安全问题越来越受到关注，淡水的可获得性是粮食生产面临的最大挑战。

然而，随着越来越多的农作物 WF 研究在区域范围内开展，农作物 WF 生产力不应只聚焦于粮食产量，WF 的经济效益应该得到更多的关注。因为农户是农作物生产及结构的第一决策者，经济效益是他们决策的首要考虑因素。目前，很少有研究从经济效益角度分析 WF。Chouchane 等（2015）从 WF 生产力的角度分析了 1996～2005 年突尼斯 WF 经济效益的空间差异，但该研究没有讨论 VWY 和 VWV 之间的关系。

11.4.4 小结

借助 CROPWAT 8.0 模型，本章对张家口市 2005～2015 年主要农作物的 WF 及其时空特征和变化进行了估算。使用绿水足迹占用率、蓝水足迹赤字和单位产值虚拟耗水量三个新指标，对蓝水、绿水和 WF 的粮食生产力和经济效益进行了分析。结果表明，2005～2015 年期间，张家口市农业生产 WF 需求持续增加，其中绿水与蓝水之比在 2∶1 左右。谷类对 WF 需求量最大，占 52%～55%。同时，马铃薯的 WF 需求增长最快，增长了 47%。坝上地区和坝下地区在绿水利用方面存在显著的空间和季节差异。在蓝水足迹赤字方面，坝上地区低于坝下地区。2005～2015 年，单位产量虚拟水含量从 0.331 m^3/kg 连续下降到 0.195 m^3/kg，单位产值虚拟耗水量从 3380 m^3/万元下降到 2183 m^3/万元后升至 2344 m^3/万元。换言之，WF 粮食生产力和 WF 经济效益的变化趋势并不总是相同的，因此政策制定时必须同时考虑 WF 粮食生产力和 WF 经济效益。

本章基于 WF 理论，从绿水和蓝水视角探索农业水资源的利用程度，同时从产量和产值两方面提出 WF 生产力的概念，探讨了 WF 与农业产量及经济效益之间的动态演变格局与过程，研究结果有望为张家口市可持续水资源管理提供借鉴，也可以为干旱半干旱地区农业水资源的可持续利用提供案例和理论参考。

第 12 章

旅游活动碳排放过程与低碳转型

作为世界上最大的旅游客源市场，中国庞大的旅游活动和由此产生的碳排放成为人们关注的焦点。然而，旅游活动的碳排放计算仍存在着诸多问题和不确定性。本章基于构建的LEAP-Tourist模型设置中国旅游业的不同发展情景，分析预测了2017～2040年中国旅游能源需求和碳排放峰值。研究结果将有助于确定旅游业碳排放达峰目标，制定中国低碳旅游路线图。

12.1　研 究 背 景

旅游活动是能源消耗和碳排放的重要领域之一，这与气候变化息息相关。旅游业极易受到气候变化影响，特别是极端天气事件的威胁。这些事件可能导致旅游风险增加、旅游地景观破碎化、生态系统退化、基础设施受损、自然和文化遗产遭到破坏等。旅游活动和全球气候变化的复杂关系已成为当今旅游研究的一个重要课题。面对严峻的全球气候变化形势，抑制旅游业碳排放已经成为各国共识。

作为全球碳排放量最大的国家，中国在应对气候变化方面发挥着至关重要的作用（Lin et al.，2018）。“双碳”目标对中国来说是个巨大的挑战，各行各业都在为之努力。旅游业作为中国经济支柱性产业，更需要贡献行业力量（Liu et al.，2015b）。旅游业发展所产生的能源消耗量持续上升，减排压力也大大增加，旅游业减排对“双碳”目标至关重要（Tang et al.，2017；Qi et al.，2020）。因此，减少旅游业碳排放，探索具有气候变化适应与响应的旅游目的地发展模式，推动旅游业低碳转型势在必行。旅游业是否存在碳排放峰值，如何实现达峰，何时达峰等问题，值得深入探讨。

本章以中国旅游业的碳排放为研究对象。结合生命周期评估法（LCA）和物质流分析方法（MFA），构建了中国的LEAP-Tourist模型，计算并预测了2017～2040年旅游业的能源需求及其温室气体（GHGs）排放水平。研究结果将有助于更好地了解中国旅游业未来的GHGs排放曲线，为制定可行的碳减排路线图提供科学参考。

12.2　低碳旅游业研究进展

低碳方式正在全球许多国家蔓延，旅游业也将其作为发展目标之一（Yang，2015）。低碳旅游不仅可以通过减少娱乐、购物、观光、运输和住宿过程的能源消耗和碳排放来提供高质量的旅游体验，还能推动经济和环境的可持续发展（Yang，2015）。就减排行动来说，低碳旅游是旅游活动过程中最高限度的减排努力（Thongdejsri et al.，2016）。而在体验和社会效益方面，低碳旅游是一种以新的旅行规划形式来实现最大程度的旅游体验，也是旅游业为社会提供更高的经济和环境利益的一种方式（Wang et al.，2019）。由此可见，低碳技术的引入可以为旅游业带来巨大的经济、社会和环境效益。

旅游活动中，机场、酒店、火车，以及各种设施设备都会造成 GHGs 排放。其中，旅游业的大多数能源消耗都来自交通运输，以及基础设施的运营和开发（Fauziah et al.，2021）。由此，改变旅游方式是低碳旅游转型的重要途径之一。通过旅游业的低碳转型，可以减缓 GHGs 排放和气候变化，从而实现旅游业的可持续发展。

旅游业缺乏翔实的统计核算数据，导致很难直接计算出旅游业的碳排放量（Wu et al.，2015；Bi and Zeng，2019），这成为旅游业碳排放研究的关键挑战。旅游业碳排放的测量一般可分为两类。第一类研究主要是利用自下而上的方法，例如，通过 LCA 和碳足迹方法（carbon footprint，CF）等计算旅游业的碳排放（Wu et al.，2015；Sharp et al.，2016）。研究对象多为单一或多个旅游要素，包括旅游交通、旅游住宿和旅游景点。Gössling（2000）是第一个测量与旅游相关的碳排放的人，他发现航空运输是各种交通方式中碳排放水平最高的方式。第二类研究主要使用自上而下的方法，例如，利用 IO 模型和旅游卫星账户（tourism satellite account，TSA）等方法计算旅游业的碳排放（Robaina et al.，2016；Meng et al.，2016；Tang and Ge，2018），研究发现全球 160 个国家或地区中旅游需求的快速增长实际上超过了旅游相关技术的脱碳（Lenzen et al.，2018）。

尽管旅游活动和碳排放之间的关系已被广泛研究，但对旅游业碳排放的测量仍有争议。首先，自下而上的分析需要关于能源使用和旅游行为的详细信息。然而，这些信息往往难以获取。其次，尽管自上而下的方法全面衡量了旅游业的碳排放，但它缺乏旅游业的年度投入产出表。因此，旅游业的年度碳排放量无法计算。此外，使用 IO 法的直接消费系数来计算间接旅游碳排放是不合适的。最后，旅游业碳排放的峰值预测和情景研究是衡量旅游业对全球环境变化影响程度的重要前提，也是旅游业减缓和适应全球环境变化的科学依据，然而，涉及旅游业碳排放峰值预测的研究较少。

12.3　LEAP模型构建

12.3.1　LEAP-Tourist模型

LEAP模型是一个自下而上的预测模型，能够完成不同政策情景下能源需求和环境影响的长期分析，已被广泛应用于国家、区域、部门和行业的能源需求和大气污染物排放预测的研究中（Zhou et al.，2014; Yang et al.，2017，2021a）。因此，基于旅游碳排放过程和机理的认识，研究构建了LEAP-Tourist模型，估算未来20年旅游业的能源消耗和GHGs排放量，并通过情景分析法和时间序列趋势预测分析法探讨旅游业部门能源关系和节能减排的长期替代政策和措施，确定旅游业能源消耗和GHGs的减排潜力及达峰路径，从而找出最优路径来指导当前中国旅游业发展方向与模式。

LEAP-Tourist模型是根据我国旅游业的发展实际和数据可得情况构建的。模型是以2017年为基准年，2040年为预测末年。LEAP-Tourist模型的主体由资源供给、加工转换和终端消耗三大核心模块构成。终端消耗模块根据《中国统计年鉴2018》"旅游"章节的国际旅游外汇收入和《中国国内旅游抽样调查资料2018》的国内旅游收入构成最终整理成交通（铁路、公路、水运、航空）、住宿、餐饮、游览、购物和其他六大部门，以及废弃物部门（固废填埋、垃圾焚烧、废水处理）。加工转换模块是以终端需求数据为目标，除部分一次能源和外部调入的二次能源直接被终端部门消耗外，其他则通过加工转换得到，其根据实际情况，分为洗选煤、炼焦、制气、煤制品加工、炼油、供热、发电和输送损失。资源供给包括各种一次、二次能源的供应，具体如图12-1所示。

12.3.2　情景设置

为了分析旅游业实施节能政策所产生的社会环境影响，研究考虑了两种情景：基准（BAU）情景和综合（INT）情景。BAU情景是指在实现既定的社会经济发展目标的前提下，继续实施现行的节能减排政策和措施，是综合情景的基准参考。INT情景分为四个子情景：部门结构优化（department structure optimization scenario，DSO）情景、清洁能源替代（clean energy substitution scenario，CES）情景、节能设施应用（energy saving facilities scenario，ESF）情景

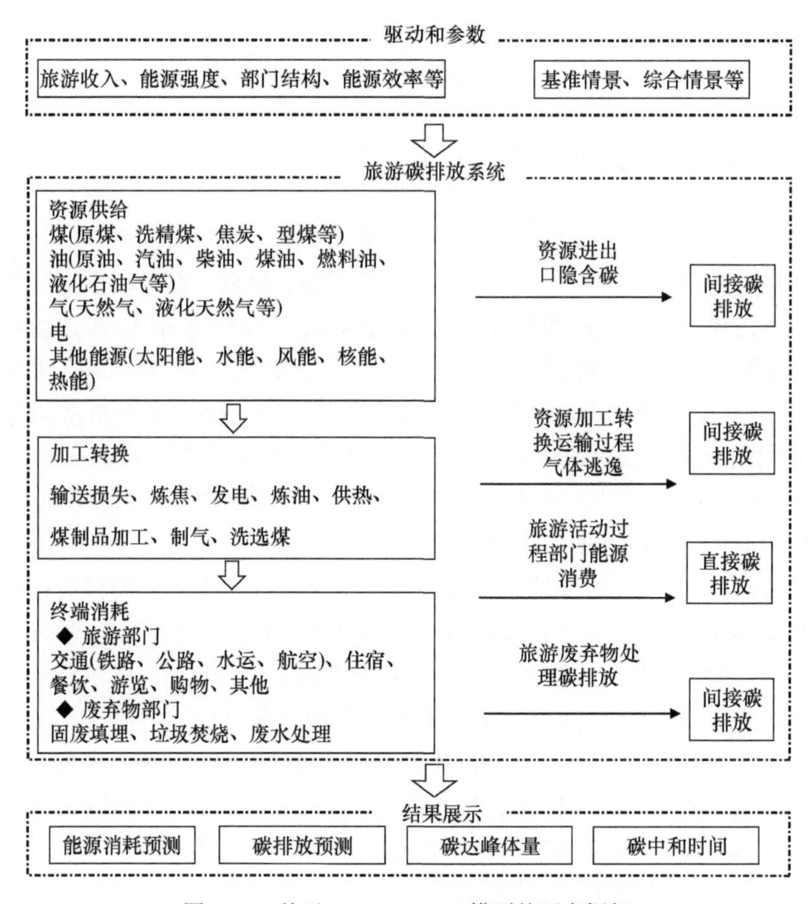

图 12-1　基于 LEAP-Tourist 模型的研究框架

和游客低碳行为（low carbon behavior scenarios，LCB）情景。各情景所对应的调整部门和具体措施详见表 12-1。

12.3.3　时间序列趋势预测模型

LEAP-Tourist 模型的 GHGs 核算方法以旅游业分部门能源消费量为数据基础。这既需要对旅游业分部门历史数据进行调研和统计，同时也需要选取合适的预测模型对旅游业未来的经济发展趋势进行预测，具体参考 Liu 等（2021）。时间序列趋势预测模型，是采用一定的权重，对不同预测模型的结果进行组合，但无法体现各个子系统在源头和过程中所发生的相互作用关系。本文借鉴协同

表 12-1　模型情景设定内容及其依据

部门	部门结构优化情景 增长比例/%				清洁能源替代情景 增长比例/%				节能设施应用情景	游客低碳行为情景
	2017 年	2020 年	2030 年	2040 年	2017 年	2020 年	2030 年	2040 年		
交通	36.60	36.00	34.00	30.00	8.17	10.00	15.00	20.00	—	化石能源强度每年减少 1.0%；清洁能源强度每年增加 2.0%
住宿	15.60	16.00	17.00	18.00	52.68					能源强度每年降低 1.0%
餐饮	20.99	21.00	21.50	22.00	52.76	60.00	70.00	75.00		能源强度每年降低 2.0%
购物	13.93	14.00	14.50	15.00	52.70				能源强度每年降低 2.0%	能源强度每年降低 1.0%
娱乐	7.59	8.00	8.50	9.00		—				—
游览	5.29	5.50	5.80	6.00		—				能源强度每年降低 1.0%
废弃物		—				—			与 BAU 情景相比，减少 20%的废弃物	与 BAU 情景相比，减少 10%的浪费
发电		—			73.50	60.00	35.00	20.00	—	—
供热		—			100.00	80.00	60.00	40.00	—	—

注：①部门结构优化情景，指产业结构的调整，餐饮、住宿、购物和游览的消费比重进一步提高；②清洁能源替代情景，指清洁能源消费在能源资源总量中的增加。例如，大力推广新能源汽车，促进太阳能、风能、地热、天然气和其他清洁能源加热和照明应用，发电和供热将从煤炭转向风能、太阳能和其他可再生能源；③节能设施应用情景，指供热、供冷、通风、照明、制冷等系统的节能改造，增加电子票比例，减少纸质票，限制一次性物品的使用，减少资源浪费；④游客低碳行为情景，指推广绿色旅游，选择步行、自行车、公共交通等低碳出行方式，减少一次性日用品的使用等。

学的基本原理，通过理论假设与数学推导，优化现有的时间序列趋势预测模型，对旅游业的产业结构进行预测分析。

12.3.4　数据来源与处理

LEAP-Tourist 模型终端消耗模块的数据来源：第一步，通过《中国统计年鉴 2018》的“旅游”章节和《中国国内旅游抽样调查资料 2018》计算获得研究年份旅游各个部门的收入；第二步，从《中国统计年鉴 2018》“能源”章节中获取研究年份能源平衡表，然后通过《国家旅游及相关产业统计分类(2018)》与《国民经济行业分类》（GB/T 4754—2017）建立旅游各部门与国民经济行业对应关系，通过各部门与对应各行业增加值比率求出旅游各部门的能源消耗量；第三步，通过旅游总收入与国内生产总值的比率得到旅游废弃物部门的废水处理、固废填埋和垃圾焚烧数据。

加工转换模块产出的产品除供消费部门直接消费外，加工转换部门间还存在加工再投入的关系。其计算思路为：第一步，已知旅游消费部门的每种能源需求，追溯每种能源来自本地生产、进口、出口、库存和转换的量，按比例分配到旅游业中，得到旅游业每种能源来自加工转换的量；第二步，确定每种能源来自何种转换工艺，需要何种能源、转换效率为多少；第三步，计算旅游消费部门上游物质流和生命周期过程中的资源供给和加工转换所需能源数据。资源供给模块的数据来自终端消耗模块和加工转换模块，其构成一个完整的旅游能源平衡系统。

情景设置的政策依据来自《中国低碳年鉴 2017》《中国低碳循环年鉴 2018》《关于进一步推进旅游行业节能减排工作的指导意见》《关于旅游业应对气候变化问题的若干意见》《饭店节能减排 100 条》《A 级景区节能减排 30 条》《旅游饭店节能减排指引》（LB/T 018—2011）等。本研究中的所有环境排放因子均来自 LEAP-Tourist 模型中嵌入的 IPCC 默认排放因子。主要的 GHGs 包括甲烷（CH_4）、一氧化二氮（N_2O）和二氧化碳（CO_2）。

12.4 中国旅游活动的能源需求和碳排放分析

12.4.1 旅游业的能源需求预测

基准（BAU）情景和综合（INT）情景控制下，我国旅游业 2017～2040 年的能源消费总量预测见图 12-2。在 BAU 情景下，旅游业能源消费量从 2017 年的 268.87×10^6 tce 增长到 2040 年的 892.36×10^6 tce，增长 2.32 倍。2017 年的能源强度为 0.4979 tce/万元，2040 年降为 0.4962 tce/万元。在考虑一系列的节能减排政策措施后，INT 情景下的能源消费量明显减少。2040 年，旅游业能源消费量为 676.35×10^6 tce，相较于 BAU 情景，减少了 216.01×10^6 tce，节能 24.21%。与此同时，能源强度下降到 0.3761 tce/万元。

在六种情景下，到 2040 年旅游业能源消费体系中各燃料类型的比例变化较大，其中，清洁能源替代（CES）情景最为明显。在 BAU 情景下，2017 年汽油、柴油分别占总能耗的 19.67%、37.52%。相比之下，2040 年，在 INT 情景之下，汽油、柴油的比例将分别变为总能耗的 14.85%、28.31%。此外，电力、太阳能、热能的占比增幅明显。加大清洁能源的使用是今后旅游业能源改革的重点，更是减少碳排放的有效手段（图 12-3）。

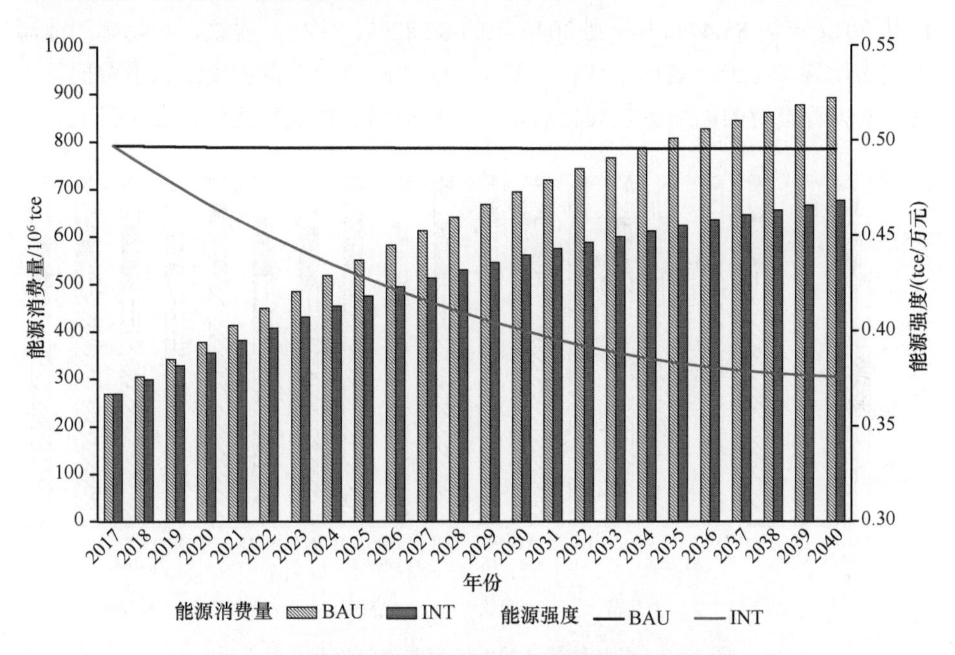

图 12-2　两种情景下的能源消费总量和能源强度预测

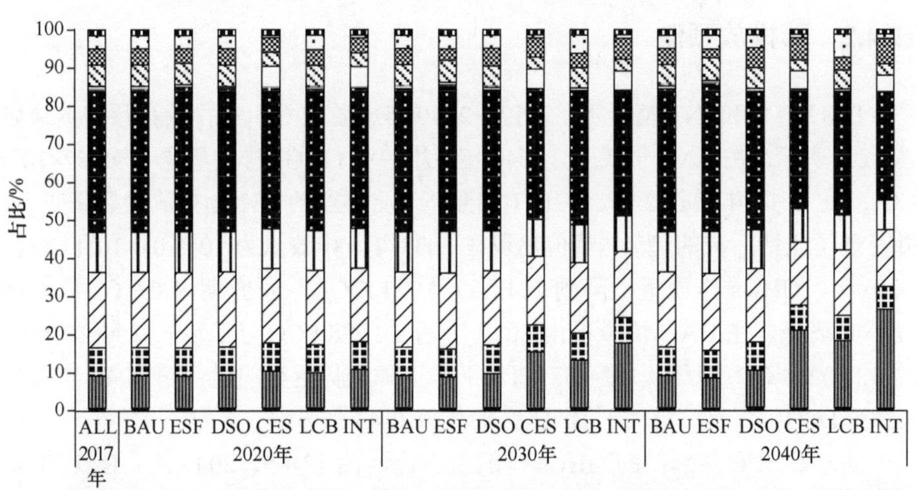

图 12-3　各种情景下燃料消费需求变化

从部门消费需求来看，旅游子部门能源消耗中占比最大的是交通部门。其中，旅客公路运输占比最大。在INT情景下，交通部门的占比仍旧最大，但占比从2017年的88.47%下降到2040年的82.82%。住宿、餐饮、购物部门能源消耗占比逐渐上升，说明了住宿、餐饮、购物部门的消费占旅游总消费比重上升，意味着旅游的高质量发展将满足人民日益增长的美好生活需要（图12-4）。

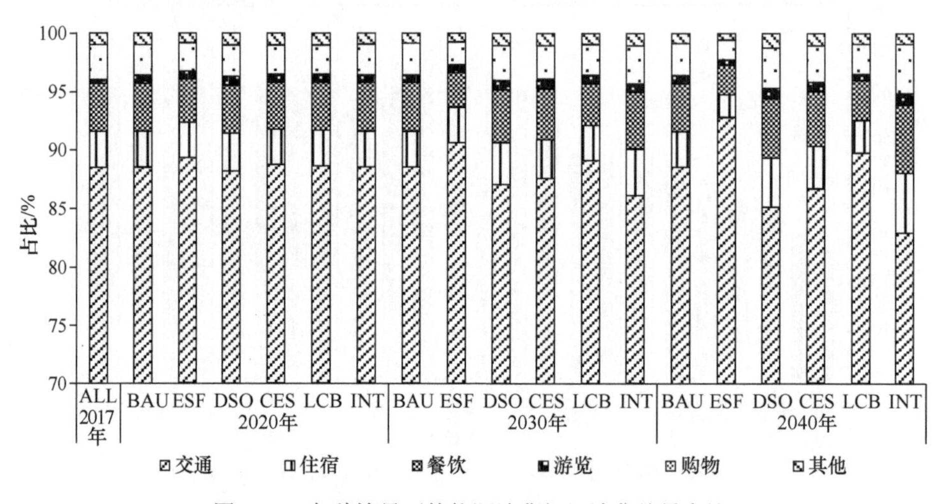

图12-4　各种情景下的能源消费部门消费总量占比

12.4.2　碳排放预测

BAU情景和INT情景下，2017～2040年旅游业GHGs排放量预测结果如图12-5所示。在BAU情景下，2040年，旅游业GHGs排放量是1798.67×10^6 t CO_{2e}，比2017年增长2倍。在INT情景下，旅游业的GHGs排放量显著变小，并呈现了先增后减的趋势，峰值出现在2033年，排放量为1048.01×10^6 t CO_{2e}。2040年，GHGs排放量下降到1012.87×10^6 t CO_{2e}。研究期内GHGs排放强度不断下降，在BAU情景下由2017年的1.1098 t CO_{2e}/万元下降到2040年的1.0002 t CO_{2e}/万元；在INT情景下，下降趋势更为明显，到2040年仅为0.5632 t CO_{2e}/万元，相较于BAU情景减少了43.69%。

进一步来看各部门的GHGs排放量占比（图12-6），2040年，BAU情景下交通部门排放量占比最大，占84.70%，INT情景下降到80.21%。除了交通部门GHGs排放量占比下降之外，其他部门占比均有所上升。其中，废弃物

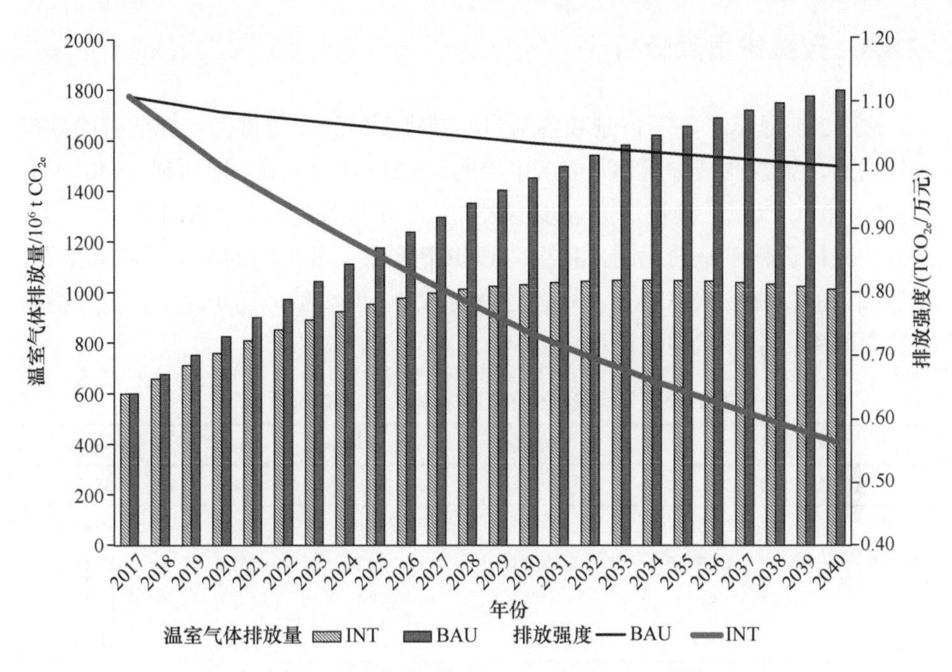

图 12-5　两种情景下温室气体排放量和排放强度的预测结果

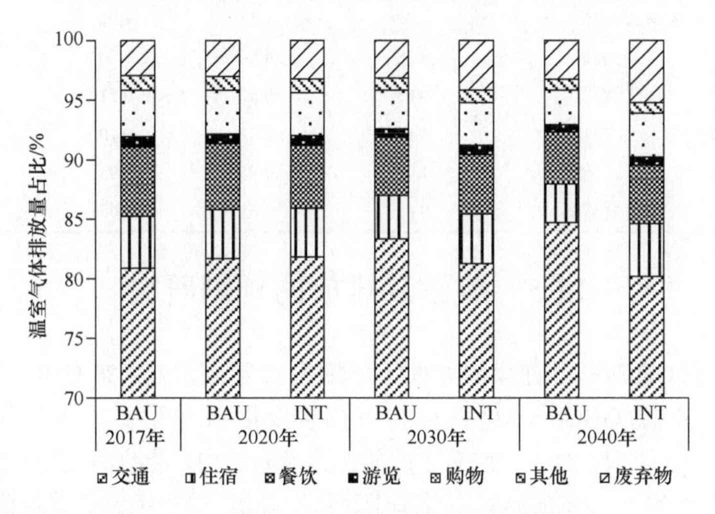

图 12-6　两种情景下各部门温室气体排放量占比

部门 GHGs 排放量占比上升最多，旅游废弃物的 GHGs 排放量不可忽视，而以往的研究中极少涉及。

12.4.3 碳减排贡献分析

表 12-2 显示了各子情景和各部门的减排贡献。如果贯彻实施所有的减排政策措施，旅游业减排量将从 2020 年的 65.71×10^6 t CO_{2e} 增加到 2040 年的 785.79×10^6 t CO_{2e}，减排潜力逐步增大。从各子情景的减排贡献率来看，CES 情景的减排贡献率是最大的，其次是 LCB 情景。从各部门的减排贡献率来看，交通部门的减排贡献率最大，其次是餐饮部门，但贡献率逐年递减，废弃物的减排贡献率虽小，却逐年递增。

表 12-2 分情景和分部门减排潜力以及减排贡献率

年份		2020 年	2030 年	2033 年	2040 年
减排量/$\times10^6$ t CO_{2e}		65.71	420.04	534.38	785.79
各子情景减排贡献率/%	CES	54.55	55.70	52.15	45.45
	LCB	20.13	24.31	25.57	28.96
	ESF	17.82	13.77	13.70	13.52
	DSO	14.06	17.79	23.06	32.24
各部门减排贡献率/%	交通	80.04	88.41	89.83	90.48
	住宿	4.49	2.35	1.92	1.75
	餐饮	8.38	4.64	4.06	3.72
	游览	0.68	0.52	0.51	0.51
	购物	4.84	2.51	2.10	1.90
	其他	1.08	0.95	0.93	0.90
	废弃物	0.49	0.61	0.65	0.75

12.5 旅游碳排放的预测研究

旅游业 GHGs 排放建模的大量研究表明，了解旅游业未来 GHGs 排放对于实现旅游业的 GHGs 减排目标和可持续发展极为重要。本研究建立了 LEAP-Tourist 模型，对不同政策下的旅游业能源结构、能源消耗和 GHGs 排放进行预测和分析。传统的研究主要基于计量经济学，较少考虑低碳政策的干预。而且，预测结果始终高于实际结果。因此，加强对旅游经济、节能措施和技术之间关系的认识，有助于合理确定我国低碳旅游模式的最佳路径。

在本研究中，我们为研究旅游碳排放做了三方面工作。首先，本研究开发了一种新颖的方法，即根据可信的国家政策评估旅游碳排放的峰值时间和减排速度（Tang et al.，2017）。通过 LEAP-Tourist 模型预测中国旅游碳排放峰值，优化旅游行业节能减排路径，在政策量化的情景分析和技术层面上具有很强的针对性。其次，本研究探索了新的视角，包括生命周期过程和重新定义间接旅游碳排放。这些有助于更清晰地了解不同生命周期过程的旅游业能源利用及其 GHGs 排放水平，希望能弥补以往在旅游 GHGs 排放研究中的不足。最后，本研究还丰富了 LEAP 模型在行业上的应用，特别是在旅游业这样的非能源主导产业中的应用，并为类似行业（如文化产业）的能源碳排放研究提供了参考。

12.6 低碳旅游转型

了解不同的旅游活动产生不同类型的 GHGs，是控制碳排放的关键。CO_2 是 GHGs 排放的主要气体，在 BAU 情景下占比在 96%以上，而在 INT 情景下有所下降。但是，其他几种 GHGs 的作用也不可低估。现阶段对其他的 GHGs 研究不足，而不同 GHGs 的控制对策是不一样的。CH_4 主要是旅游废弃物部门引起的，在 INT 情景下，CH_4 的占比逐步上升。因此，从源头上减少旅游废弃物的产生是抑制 CH_4 的有效手段。N_2O 来自农田的化肥及污水的排放。这就要求加强乡村旅游的环保意识，推动农产品的绿色生产，减少旅游废弃物。

在旅游减排措施方面，在吃、住、行、游、购、娱等旅游过程中推行绿色低碳模式。碳排放量最大的交通部门仍然是碳减排的重点。主要建议如下：①旅游活动中，不断提升各类清洁燃料汽车的比重；②低碳出行，提倡公共汽车、火车出行；③景区之间的换乘使用电动汽车；④通过示范引导、标语展示、宣传品发放等方式，增强游客的环保意识和节能减排责任感。

旅游活动的低碳转型发展是国家气候战略下的必由之路。这需要综合考虑利益相关者的诉求，从吃、住、行、游、购、娱等各个旅游环节实施全方位节能措施。同时，需考虑减排措施的社会经济成本和技术难度，从经济、社会、环境等权衡角度逐步推动旅游低碳转型，为全球实现碳中和的目标做出贡献。

第13章

社会－生态系统转型的挑战与趋势

人类世时代正经历从“位场社会”快速进入“流动社会”。区域–全球尺度上人口、商品和服务的全球快速移动推动了社会与生态系统的共同演化。同时，我们面临着在区域、国家和全球尺度上的社会经济发展和环境气候问题的多重挑战。面对这些挑战，无论是社会–生态系统的理论研究还是管理实践，均在探索跨学科、多尺度、全维度的可行路径。本章从社会–生态系统转型的挑战与趋势、环境气候变化背景下的转型实践、转型的可持续发展目标等方面，梳理和展望了社会–生态系统转型研究和实践的核心议题。

13.1　引　　言

社会–生态系统框架构建起了社会、经济、文化与生态等要素联系的桥梁，整合了社会科学与自然科学的理论方法，体现了人类与自然系统的耦合演化过程、格局与效应，为分析全球化问题提供了范式参考。这种多学科融合和集成思维，是应对全球环境经济复杂性挑战的重要变革（Fischer et al.，2015）。社会–生态系统正经历着实践驱动下的研究蜕变，推动可持续发展向更高层次跃进。社会–生态系统的转型研究、实践和目标如图 13-1 所示。

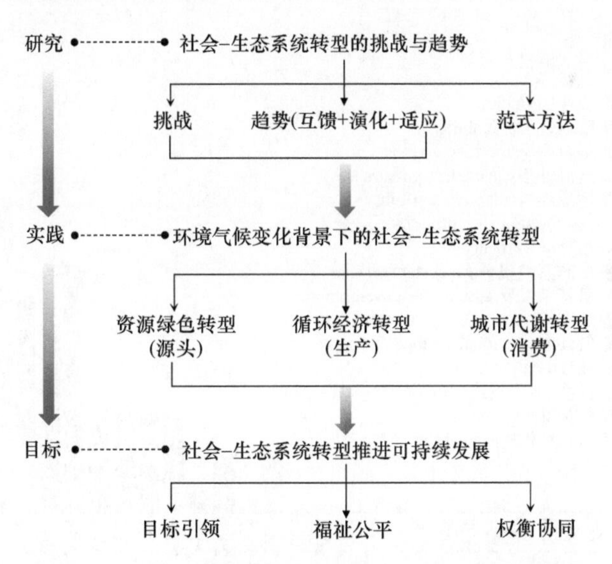

图 13-1　社会–生态系统转型的研究、实践和目标框架

我们以“社会–生态”为关键词，在 Web of Science 中共检索到 1051 篇文献。统计分析显示，1991～2021 年社会–生态系统的研究总体呈现上升趋势，

尤其是 2017 年以来发文量快速增长（图 13-2）。从关键词频数来看，主要集中在可持续发展、适应性治理、韧性、农业与粮食安全等领域（图 13-3）。

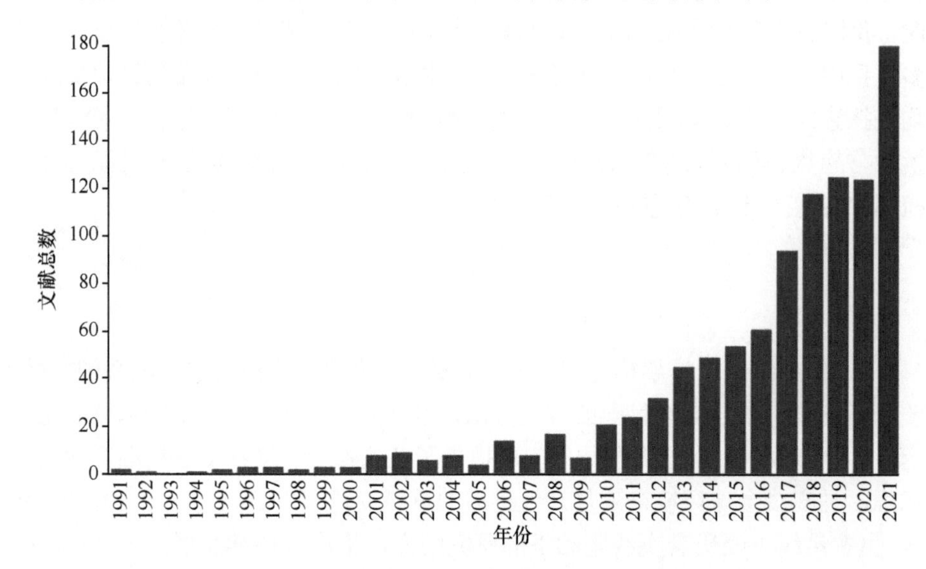

图 13-2 “社会–生态”主题文献历年发表数量统计

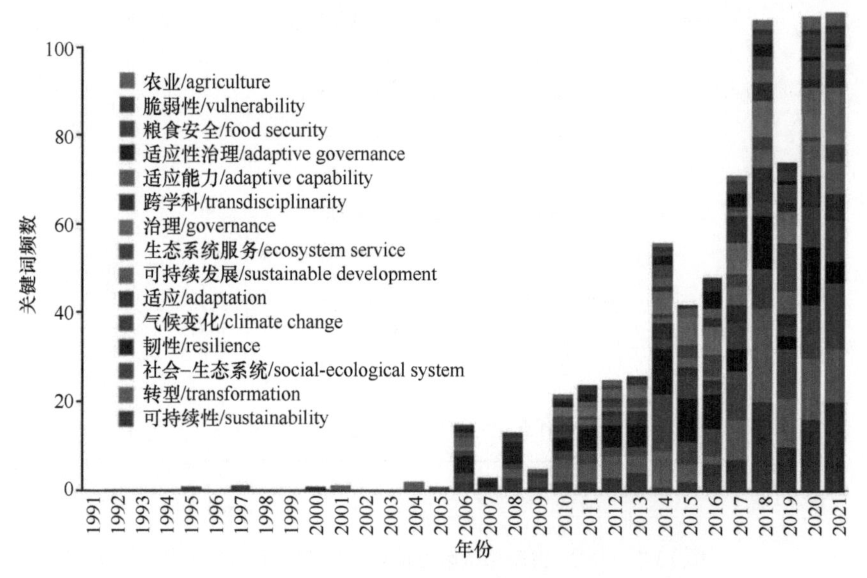

图 13-3 “社会–生态”主题文献历年关键词数量变化统计

13.2　社会–生态系统转型的研究趋势和挑战

目前，社会–生态系统对新兴理论讨论集中在社会–生态系统的四个共享结构元素上：组件、连接、尺度和背景（王帅等，2020）。共同的跨领域研究前沿包括：从单一案例研究转向社会–生态系统的整合和比较分析；结合描述性和数据驱动的建模方法进行社会–生态系统分析；通过实践应用和测试及框架间学习来促进框架的发展和完善（Pulver et al.，2018）。从国内外研究来看，社会–生态系统转型研究也呈现出新的趋势，研究内容涵盖社会–生态系统的互馈机制、演化过程及其适应性治理等方面。

13.2.1　社会–生态系统的互馈机制

作为研究的核心内容，社会–生态系统的互馈机制是保持和增强系统韧性的科学基础，也是当前研究的主要热点和难点（Reyers et al.，2018）。社会–生态系统研究框架鼓励对社会与生态系统的动态过程进行整体评估，在关注人类活动对自然环境的影响的同时，将生态系统服务对于人类的反馈纳入考量，尤其关注社会–生态系统在多个相互关联的尺度上形成的动态反馈循环。同时，需要指出的是，随着全球化的深入，地理上相距遥远及不同尺度的耦合系统之间也出现了更多的相互作用（Liu et al.，2007）。这决定了未来社会–生态系统的研究方向不仅包括在特定地点的研究，还应包括横跨区域多个地点进行并列的、长期观测项目的研究，以获取完整的动态变化过程和格局。

在研究方法上，目前已经发展出了从个体、区域到全球尺度的耦合模型，但现有模型仍存在一定局限性，对社会经济系统的定量表征有待提升（Robinson et al.，2018；傅伯杰等，2021）。代谢理论及其方法论的发展拓展了社会–生态系统互馈机制的研究视角，为阐释社会–生态系统互馈路径和关键组分提供了可能。

13.2.2　社会–生态系统的演化过程

社会–生态系统演化是系统要素、结构、过程和功能变化的结果（Walker et al.，2004；Folke et al.，2010）。从系统本身来看，社会–生态系统演化的反馈可能会对系统要素产生积极或消极影响。如果不加以调控，这些反馈可能会导致社会生态过程的恶性循环（Liu et al.，2015a）。同时，随着全球联系的加强，社会–生态系统正从区域关联发展为远程耦合，从简单过程演化为复杂模式的发展趋势（Liu et al.，2007；Hull and Liu，2018）。局地尺度社会–生态系统的演化将对更大尺度的系统产生影响，而这种影响反过来也会改变子系统及其组分（Guerrero et al.，2018）。

未来的研究中，社会–生态系统需要注重揭示系统演化过程中要素之间的作用过程及其级联效应。然而，当前的系统演化研究主要基于社会或生态要素时间序列的突变点识别，较少探讨系统演化过程中要素间的相互作用过程。关于系统演化效应的研究，多数集中在局地尺度，对跨尺度的级联效应的研究关注度开始上升。

在研究方法上，针对社会–生态系统演化的过程驱动、潜在影响及情景预测，发展出了从个体、区域到全球尺度的一系列耦合模型，包括简单概念模型、智能体模型、SD 模型、IAM 模型、地球系统模型与综合评估模型的耦合模型等（傅伯杰等，2021）。但上述模型对人类活动的描述，尤其是对社会经济系统的定量表征有待提升，对生态过程与社会经济决策的反馈关系也有所欠缺（Robinson et al.，2018）。

13.2.3 社会–生态系统的适应性治理

适应性治理旨在通过协调经济、社会和环境之间的相互关系来调节系统的状态，从而应对非线性变化、不确定性和复杂性的挑战（Chaffin et al.，2014）。它通过建立具有适应性的社会权利分配与行为决策机制，为“转型治理”与“协作治理”提供基础（Chaffin et al.，2016；Ansell and Gash，2008）。

适应性治理期望社会–生态系统的演化能持续保障人类福祉，因此产生了“主动改变不良的系统状态”与“调节并维持良好的系统状态”两种需要。但不论是哪一种需要，它们都具有共同的理论基础，即通过调节社会结构来改变系统状态，在环境动态变化背景下提升系统的适应性（宋爽等，2019）。人类活动作为环境变化问题的根源，欲改变不良的系统状态，需要从体制和政策变革、发展模式转型，以及科学技术创新等三个方面寻求解决之道（蔡运龙，2020）。

在推动转型过程中，社会系统发展模式转型常被视为增强系统韧性、推动适应性治理的重要“变量”。“循环经济”“绿色经济”“低碳经济”等理念，都主张转变经济发展模式，解决社会–生态系统的“失序”问题。理论技术的创新和快速的环境经济变化正推动社会–生态系统发展模式的转型，即由高能耗、高排放、高污染的发展模式转向循环化、低碳化、绿色化的发展模式。尽管如此，当前形势仍不容乐观。高度工业化带来的资源能源消耗在持续增加，气候变暖的形势并未逆转，城市化需求的水平还在不断增强，这些仍是全球环境变化的重要趋势。为此，亟须转变资源能源利用模式，加快生产–消费–市场的循环经济转型，积极探索远程尺度上环境气候变化的减缓和适应路线图。

13.3　环境气候变化背景下的社会–生态系统转型

全球环境和气候变化对粮食安全、水安全、能源安全、基础设施安全，以及人类健康等构成了长期威胁。如果不采取进一步措施，未来环境和气候变化幅度可能会超过生态系统和社会系统所能承受的阈值。在气候变化的减缓和适应方面，可更新能源转型、技术设施更新、基于自然的解决方案（NBS）等已成为关键的国际共识。但值得深思的是，人类如何通过经济社会的系统性变革，降低环境污染物和 GHGs 排放，以扭转环境退化趋势及减缓气候变化进程。鉴于此，围绕应对全球环境和气候变化问题的社会经济低碳转型探索，如资源绿色转型、循环经济转型、城市代谢转型、治理模式转型等实践，正成为全球的共识行动（图 13-4）。

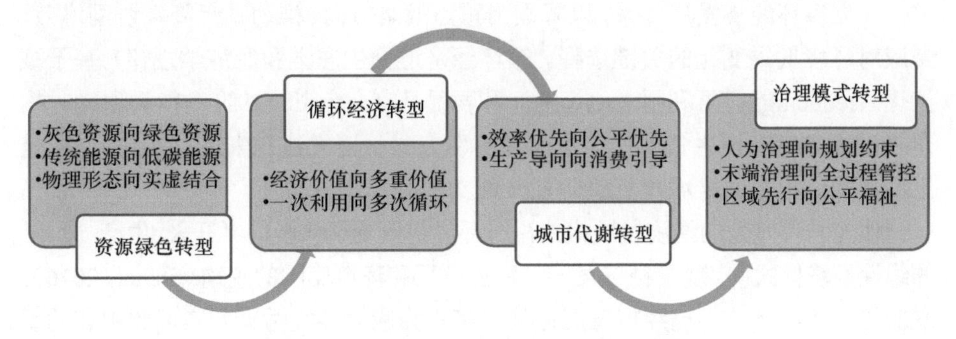

图 13-4　社会–生态系统转型理念的转变

13.3.1　资源绿色转型

工业革命以来的高资源开采–高污染排放的“双高”发展模式造成了资源的线性利用模式，进而导致了环境污染和资源枯竭危机频发。近年来，围绕土地、水、能源、矿产等资源的集约节约和降低资源利用的环境污染研究，涌现了一批重要的理论与方法，如物质流分析、生命周期评估、生态足迹、资源关联、行星边界等。这些研究有助于理解资源绿色开发、利用和排放过程。不过，当前全球社会经济发展与资源消耗并未实现理想脱钩（Tukker et al.，2016；Wiedmann et al.，2015），与之相伴的环境污染问题并未得到有效解决。对内涵资源（所有与产品生产相关的过程所消耗的资源）的关注不足，一些隐含资源流动尚未被认识或低估（Hall et al.，1986）。这需要深刻理解人类活动作用下的资源循环路径与格局演变规律，科学评估其资源环境效应，有针对性地调控和改造资源循环回路（袁增伟和程明今，2021）。

在全球气候变化不断加剧的背景下，各国政府纷纷制定了各种绿色能源激励政策，但仍面临能源需求激增、可再生能源利用技术匮乏、转型管理体系不完善等诸多挑战。当前，围绕低碳能源系统转型路径、能源低碳技术的采用与推广等方面的研究为解决上述挑战提供了参考（Duan et al.，2021；段宏波和汪寿阳，2019）。但也存在能源转型理论路径与实践需求错位，资源生产端、消费端与低碳技术的关联应用不足，新兴能源潜在的跨区域、多层级的环境经济影响不清晰等研究难点。

13.3.2 循环经济转型

建立循环经济发展体系，以降碳为重点战略方向、推动减污降碳协同增效，是应对环境气候变化的关键选择。循环经济遵循生态学和经济学规律，基于减量化（reducing）、再利用（reusing）和再循环（recycling）的“3R”原则，构建“资源–产品–再生资源”的生产和消费方式（诸大建和朱远，2013），在全生命周期过程来助推城市低碳转型（魏文栋等，2021）。

作为一种有效的经济发展模式，循环经济改变了传统的“开采–生产–废弃”的线性经济模式，实现了经济发展与资源开采和环境影响的脱钩（Stahel，2016）。欧盟等发达经济体都已经把发展循环经济作为应对环境污染和实现碳中和的重要路径（孟小燕等，2021）。然而，由于热力学第二定律和经济有效性不足，即使在高度发达的经济体中，仍无法完全回收或减轻材料库存、废物和污染。

经过多年的发展，中国循环经济也取得了显著成绩，产业发展和技术创新都颇有成效。但是，现行政策对循环经济的核心和发展没有给予足够的重视，可持续消费的最佳规模往往被忽视，生命周期视角的策略仍然有限（Zhu et al.，

2019）。如何增加资源流动和生产效率仍然是未来研究的核心重点。并且，目前我国循环经济发展在循环经济治理体系、循环产业及科技创新体系和社会共治体系等关键问题上仍有较大提升空间（魏文栋等，2021）。未来，亟须面向减污降碳、协同增效目标推动循环经济机制、政策、模式、技术和产品创新。

13.3.3 城市代谢转型

城市排放的环境污染物和GHGs，对生物地球化学循环、气候变化、生物多样性等领域产生了重大影响（Grimm et al.，2008）。面对严峻的环境气候挑战，城市化地区必须回答社会和生态格局及其过程如何发生、如何维持、如何演变，以及如何进行可持续管理的问题。将城市生态系统视为新陈代谢超有机体，使得对环境、社会和经济因素如何相互作用以塑造城市产生了新的思考。经过多年发展，城市代谢从一门集中的生态或环境学科逐步发展成为以城市生态系统特征、城市代谢理论和方法框架为核心的多学科交叉学科。研究重点逐渐从量化环境影响转向分析城市系统的内部代谢过程，单一的社会经济系统逐渐被自然、社会、经济相互作用的复杂系统所取代（Wang et al.，2021）。

在快速城市化的背景下，城市能量和碳代谢演化成为研究者关注的议题。城市社会–生态系统的代谢全过程研究，也成为城市生态规划和环境管理等工作优化决策的关键问题之一。这不仅涉及城市部门之间的资源流动及城市之间对稀缺资源的竞争，而且对区域生态环境具有较大的潜在影响。在研究方法上，目前较为流行的方法包括基于物质能量载体的质料研究方法、表征物质形态结构的形式研究方法和混合研究方法（卢伊和陈彬，2015）。

尽管城市代谢研究已经取得了长足进展，但也面临着诸多亟待解决的难题。这些难题关乎着城市代谢分析的本体性、分析性、规范性和战略性问题，体现在复杂系统的韧性、城市代谢研究的多层次建模、博弈优化和基于大数据的智慧决策等具体实践中。在未来图景中，仍需要将理论与实践统一，从描述性研究走向规范性研究，深入剖析时间维度的代谢过程、空间维度的代谢格局、组织维度的代谢主体，为推进城市健康发展提出可行方案。

13.4 社会–生态系统转型推动可持续发展

2015年9月，联合国可持续发展峰会上通过了《2030年可持续发展议程》。

该议程涵盖 17 项目标和 169 项指标，旨在引领全球向可持续发展转型。这为社会–生态系统的优化调控提供了决策性指导。社会–生态系统可持续发展的挑战在于同步实现经济发展、社会进步和生态环境保护的目标，而且不同发展目标之间存在此消彼长的权衡效应（Wu et al.，2022）。社会–生态系统研究通过对可持续发展诸多目标之间过程和关联机理的认识，从系统性、关联性、动态性的视角可以有效应对这一挑战。

13.4.1 目标引领

联合国可持续发展目标（SDGs）明确了 2015～2030 年全球发展的目标和方向，为社会–生态系统的可持续转型提供了行动指南。作为推动全球可持续发展的核心领导者和积极响应者，在联合国《2030 年可持续发展议程》提出后不久，中国于 2016 年 3 月将可持续发展议程纳入国家中长期整体发展规划。同年 9 月，又发布了《中国落实 2030 年可持续发展议程国别方案》，再一次彰显了中国参与实现联合国可持续发展目标的立场和决心。

可持续发展目标为人类描绘了蓝图，但作为人类发展史上一次重大的变革机遇，这对于任何政府而言都是极其复杂的政策挑战。这些挑战不仅源自 SDGs 的复杂性、多维性和相关性，也受到全球经济下行和地缘政治冲突等多种因素影响（薛澜和翁凌飞，2017）。例如，气候变化行动已经演变为一个与水资源、粮食、能源、生态和人类福祉等紧密相关的系统问题；局部战争事件的爆发等因素叠加，使全球人类发展指数在过去三十年来首次连续下降（UNDP，2022）。

社会–生态系统旨在理解人与自然相互作用或社会与自然相互作用的复杂性，对全球可持续发展产生了深远的影响。然而，多维风险的分层和相互作用及威胁的重叠导致了新的不确定性维度，给社会–生态系统的可持续性转型带来了新的挑战（UNDP，2022），这无疑增加了人类应对不可预测风险的难度。未来社会–生态系统转型与实践仍需要以可持续发展目标为引领，摸清社会–生态系统之间相互作用的复杂黑箱，识别新的社会生态网络属性，同时加强跨境管理，从基于地点的治理转向基于流量的治理（Liu，2023）。

13.4.2 公平福祉

SDGs 对处于不同发展阶段的国家，发展侧重点有所不同。确定世界各国转型发展的关键阶段，明确不同国家面临的机遇和挑战，为不同发展阶段的国家指明具体的行动方向，是推动可持续发展的应有之义（Fu et al.，2020）。改革开放以来，中国经济实现了飞速发展，可持续发展总体得到稳步推进（Xu et al.，2020）。然而，经济高速增长不仅与资源环境紧密关联，同时也对公平福祉产生了影响，在实现各地区、各层次、各领域间的协同发展方面仍面临挑战（Lu et al.，2019）。这些挑战由地理区位、社会经济、制度文化等多种因素共同作用所形成，突出表现在收入不平等、区域分化日益明显和城乡发展失衡等关乎社会公平和民生福祉的领域。

具体而言，东部沿海地区的发展高度依赖于西部和北部地区的资源能源供给和大量农村劳动力的输出。西部地区则承担了主要的生态保障功能，面临严格的环境规制。然而，资源环境要素的价值弱化，以及生态产品价值实现机制不完善，增加了应对这些挑战的难度。通过社会–生态系统转型来持续改善社会公平，增进民生福祉仍是今后发展中面临的难题。

13.4.3 权衡协同

可持续发展旨在调和社会、经济和资源环境的竞争利益，以确定它们协同的“最佳点”。但是，SDGs是相互联系的整体，既有相互促进，又有彼此竞争，目标间存在协同与权衡效应。这要求我们既不能割裂SDGs单独完成，也不应该盲目追求同时实现（Fu et al.，2019）。

从目标的相关性看，随着可持续发展整体水平的提高，SDGs相互作用表现出非线性变化，不同目标先解耦又重新耦合（Wu et al.，2022）。从区域发展的关联性看，由于政治、社会、经济、环境等多因素影响的级联效应，传统的可持续发展努力往往以牺牲其他地方为代价解决一个地方的问题，从而损害了可持续性（Liu，2023）。

为了避免这种潜在风险，亟须发展综合系统框架，揭示地方事件对近程及远距离区域的级联效应。同时，明确不同时期目标的优先次序，并在整体上推进区域、国家和全球尺度SDGs的实现。然而，研究对于多系统之间的相互作用过程考虑较少，外部环境变化对系统的冲击和影响研究仍十分欠缺。未来，揭示气候变化、全球贸易网络、全球地缘政治等条件下的要素级联过程及其全程耦合效应，将成为研究的重点和难点（Zhang et al.，2018；Yu et al.，2023）。

参 考 文 献

蔡运龙. 2020. 生态问题的社会经济检视. 地球科学进展, 35(7): 742-749.
陈明星, 先乐, 王朋岭, 等. 2021. 气候变化与多维度可持续城市化. 地理学报, 76(8): 1895-1909.
段宏波, 汪寿阳. 2019. 中国的挑战: 全球温控目标从 2℃到 1.5℃的战略调整. 管理世界, 35(10): 50-63.
方恺. 2015. 足迹家族: 概念、类型、理论框架与整合模式. 生态学报, 35(6): 1647-1659.
付允, 林翎. 2015. 循环经济标准化理论、方法和实践. 北京: 中国质检出版社.
傅伯杰, 王帅, 沈彦俊, 等. 2021. 黄河流域人地系统耦合机理与优化调控. 中国科学, 35(4): 504-509.
高莉洁. 2010. 基于能值集成分析的可持续社区代谢和形态评估. 北京: 中国科学院研究生大学.
高庆彦, 潘玉君, 朱海燕, 等. 2013. 20 世纪初叶以来中国地理学研究范式特征与发展. 热带地理, 33(5): 628-635.
郭沛, 梁栋. 2022. 低碳试点政策是否提高了城市碳排放效率——基于低碳试点城市的准自然实验研究. 自然资源学报, 37(7): 1876-1892.
郭相平, 高爽, 吴梦洋, 等. 2018. 中国农作物水足迹时空分布与影响因素分析. 农业机械学报, 49(5): 295-302.
黄和平. 2015. 基于生态效率的江西省循环经济发展模式. 生态学报, 35(9): 2894-2901.
李加林, 张忍顺. 2003. 宁波市生态经济系统的能值分析研究. 地理与地理信息科学, 19(2): 73-76.
李健, 邱立成, 安小会. 2004. 面向循环经济的企业绩效评价指标体系研究. 中国人口·资源与环境, 14(4): 123-127.
李双成, 刘金龙, 张才玉. 2011. 生态系统服务研究动态及地理学研究范式. 地理学报, 66(12): 1618-1630.
李双成, 王羊, 蔡运龙. 2010. 复杂性科学视角下的地理学研究范式转型. 地理学报, 65(11): 1315-1324.
李湘梅, 肖人彬, 曾宇, 等. 2014. 生态工业园共生网络的脆弱性. 生态学报, 34(16): 4746-4755.
李中才, 徐俊艳, 吴昌友, 等. 2011. 生态网络分析方法研究综述. 生态学报, 31(18): 5396-5405.
刘耕源, 杨志峰. 2018. 能值分析理论与实践: 生态经济核算与城市绿色管理. 北京: 科学出版社.
刘建国, Vanessa H, Mateus B, 等. 2016. 远程耦合世界的可持续性框架. 生态学报, 36(23): 7870-7885.
刘瑜, 汪珂丽, 邢潇月, 等. 2023. 地理分析中的空间效应. 地理学报, 78(3): 517-531.
卢伊, 陈彬. 2015. 城市代谢研究评述: 内涵与方法. 生态学报, 35(8): 2438-2451.
孟小燕, 王毅, 郑馨竺. 2021. 碳中和愿景下的循环经济建设: 芬兰图尔库市的管理经验及启示. 环境保护, 49(12): 76-80.

潘家华, 张莹. 2021. 气候变化经济学导论. 北京: 中国社会科学出版社.
秦大河. 2018. 气候变化科学概论. 北京: 科学出版社.
宋长青. 2016. 地理学研究范式的思考. 地理科学进展, 35(1): 1-3.
宋爽, 王帅, 傅伯杰, 等. 2019. 社会–生态系统适应性治理研究进展与展望. 地理学报, 74(11): 2401-2410.
宋涛, 蔡建明, 倪攀, 等. 2013. 城市新陈代谢研究综述及展望. 地理科学进展, 32(11): 1650-1661.
宋雨萌, 石磊. 2008. 工业共生网络的复杂性度量及案例分析. 清华大学学报: 自然科学版, 48(9): 1441-1444.
隋春花, 蓝盛芳. 2001. 广州城市生态系统能值分析研究. 重庆环境科学, (5): 4-6, 23.
孙晶, 刘建国, 杨新军, 等. 2020. 人类世可持续发展背景下的远程耦合框架及其应用. 地理学报, 75(11): 2408-2416.
孙中伟, 路紫. 2005. 流空间基本性质的地理学透视. 地理与地理信息科学, 21(1): 109-112.
唐玲, 孙晓峰, 李键. 2014. 生态工业园区共生网络的结构分析: 以天津泰达为例. 中国人口·资源与环境, 24(S2): 216-221.
王帅, 傅伯杰, 武旭同, 等. 2020. 黄土高原社会–生态系统变化及其可持续性. 资源科学, 42(1): 96-103.
王兆华, 尹建华, 武春友. 2003. 生态工业园中的生态产业链结构模型研究. 中国软科学, (10): 149-152.
王志芳, 高世昌, 苗利梅, 等. 2020. 国土空间生态保护修复范式研究. 中国土地科学, 34(3): 1-8.
魏文栋, 陈竹君, 耿涌, 等. 2021. 循环经济助推碳中和的路径和对策建议. 中国科学院院刊, 36(9): 1030-1038.
厦门市统计局, 国家统计局厦门调查队. 2010. 厦门经济特区统计年鉴 2010. 北京: 中国统计出版社.
解学梅, 霍佳阁, 臧志彭. 2015. 环境治理效率与制造业产值的计量经济分析. 中国人口·资源与环境, 25(2): 39-46.
谢高地, 鲁春霞, 冷允法, 等. 2003. 青藏高原生态资产的价值评估. 自然资源学报, 18(2): 189-196.
谢园园, 傅泽强. 2012. 基于生态效率视角的循环经济分析. 生态经济, (9): 49-51.
许堞, 马丽. 2023. 从耦合到演化: 环境经济地理研究范式的转变. 人文地理, 1(189): 20-35.
薛澜, 翁凌飞. 2017. 中国实现联合国 2030 年可持续发展目标的政策机遇和挑战.中国软科学, (1): 1-12.
杨德伟. 2022. 气候变化: 政治博弈与环境危机. 北京: 经济科学出版社.
杨德伟, 杨职优, 崔胜辉, 等. 2011. 地理–生态过程视角的城市系统研究. 地理科学进展, 30(2): 164-170.
尹科, 王如松, 周传斌, 等. 2012. 国内外生态效率核算方法及其应用研究述评. 生态学报, 32(11): 3595-3605.

袁增伟, 程明今. 2021. 物质循环科学的研究对象、理论与方法. 资源科学, 43(3): 435-445.
张培. 2010. 基于物质流分析的工业园生态效率研究. 中国市场, (23): 46-48.
张雪芹, 葛全胜. 1999. 气候变化综合评估模型. 地理科学进展, 18(1): 60-67.
张妍, 杨志峰. 2007. 城市物质代谢的生态效率——以深圳市为例. 生态学报, 27(8): 3124-3131.
郑度. 2002. 21 世纪人地关系研究前瞻. 地理研究, 21(1): 9-13.
周晓芳. 2017. 社会–生态系统恢复力的测量方法综述. 生态学报, 37(12): 4278-4288.
周晓虹. 2002. 社会学理论的基本范式及整合的可能性. 社会学研究, 5(3): 33-45.
诸大建, 邱寿丰. 2006. 生态效率是循环经济的合适测度. 中国人口·资源与环境, 16(5): 1-6.
诸大建, 朱远. 2013. 生态文明背景下循环经济理论的深化研究. 中国科学院院刊, 28(2): 207-218.
Hey T, Tansley S, Tolle K. 2012. 第四范式: 数据密集型科学发现. 潘教峰, 张晓林, 译. 北京: 科学出版社.
Abbas Z, Waqas M. 2020. Strategy on coal consumption and GHGs emission analysis based on the LEAP model: A case study. Energy Sources, Part A: Recovery, Utilization, and Environmental Effects, 1: 1-20.
Allen R G, Pereira L S, Raes D, et al. 1998. Crop Evapotranspiration—Guidelines for Computing Crop Water Requirements. Rome: FAO.
Amirshenava S, Osanloo M. 2022. Strategic planning of post-mining land uses: A semi-quantitative approach based on the SWOT analysis and IE matrix. Resources Policy, 76: 102585.
Andreoni J, Harbaugh W, Vesterlund L. 2003. The carrot or the stick: Rewards, punishments, and cooperation. American Economic Review, 93(3): 893-902.
Ansell C, Gash A. 2008.Collaborative governance in theory and practice. Journal of Public Administration Research and Theory, 18(4): 543-571.
Anshassi M, Sackles H, Townsend T G. 2021. A review of LCA assumptions impacting whether landfilling or incineration results in less greenhouse gas emissions. Resources, Conservation and Recycling, 174: 105810.
Arojojoye O A, Oyagbemi A A, Gbemisola O M. 2019. Biomarkers of oxidative stress in Clarias gariepinus for assessing toxicological effects of heavy metal pollution of Abereke river in southwest Nigeria. Comparative Clinical Pathology, 28(6): 1675-1680.
Astrup T F, Tonini D, Turconi R, et al. 2015. Life cycle assessment of thermal waste-to energy technologies: Review and recommendations. Waste Management, 37: 104-115.
Barala A, Bakshi B R. 2010. Emergy analysis using US economic input-output models with applications to life cycles of gasoline and corn ethanol. Ecological Modelling. 221: 1807-1818.
Behera S K, Kim J H, Lee S Y, et al. 2012. Evolution of ‘designed’ industrial symbiosis networks in the Ulsan Eco-industrial Park: ‘Research and development into business’ as the enabling framework. Journal of Cleaner Production, 29: 103-112.
Beloin-Saint-Pierre D, Rugani B, Lasvaux S, et al. 2017. A review of urban metabolism studies to

identify key methodological choices for future harmonization and implementation. Journal of Cleaner Production, 163: S223-S240.

Bi C, Zeng J. 2019. Nonlinear and spatial effects of tourism on carbon emissions in China: A spatial econometric approach. International Journal of Environmental Research and Public Health, 16(18): 3353.

Bibri S E, Krogstie J, Kärrholm M. 2020. Compact city planning and development: Emerging practices and strategies for achieving the goals of sustainability. Developments in the Built Environment, 4: 100021.

Biggs R, De Vos A, Preiser R, et al. 2021. Research Methods for Social-ecological Systems. London: Routledge.

Bilitewski B. 2012. The circular economy and its risks. Waste Management, 32(1): 1-2.

Billen G, Barles S, Garnier J, et al. 2009. The food-print of Paris: Long-term reconstruction of the nitrogen flows imported into the city from its rural hinterland. Regional Environmental Change. 9: 13-24.

Boons F, Chertow M, Park J, et al. 2017. Industrial symbiosis dynamics and the problem of equivalence: Proposal for a comparative framework. Journal of Industrial Ecology, 21(4): 938-952.

Broto V C, Allen A, Rapoport E. 2012. Interdisciplinary perspectives on urban metabolism. Journal of Industrial Ecology, 16(6): 851-861.

Brown M T, Ulgiati S. 1997. Emergy based indices and ratios to evaluate sustainability: Monitoring technology and economies toward environmentally sound innovation. Ecological Engineering, 9: 51-69.

Brown M T, Ulgiati S. 2016. Emergy assessment of global renewable sources. Ecological Modelling, 339: 148-156.

Bryan B A, Gao L, Ye Y, et al. 2018. China's response to a national land-system sustainability emergency. Nature, 559(7713): 193-204.

Burger J. 2002. Restoration, stewardship, environmental health, and policy: Understanding stakeholders' perceptions. Environmental Management, 30(5): 631-640.

Cao X, Wu P, Wang Y, et al. 2014. Assessing blue and green water utilisation in wheat production of China from the perspectives of water footprint and total water use. Hydrology Earth System Sciences, 18(8): 3165-3178.

Carréon J R, Worrell E. 2018. Urban energy systems within the transition to sustainable development. A research agenda for urban metabolism. Resources, Conservation and Recycling, 132: 258-266.

Castells M. 1989. The Informational City: Information Technology, Economic Restructuring, and the Urban-regional Process. Oxford: Blackwell.

Castells M. 1996. The Rise of the Network Society, the Information Age: Economy, Society, and Culture. Massachusetts: Blackwell Publishers.

Chaffin B C, Garmestani A S, Gunderson L H, et al. 2016. Transformative environmental governance. Annual Review of Environment and Resources, 41: 399-423.

Chaffin B C, Gosnell H, Cosens B A. 2014. A decade of adaptive governance scholarship: Synthesis and future directions. Ecology and Society, 19(3): 56.

Chapagain A K, Hoekstra A Y, Savenije H H, et al. 2006. The water footprint of cotton consumption: An assessment of the impact of worldwide consumption of cotton products on the water resources in the cotton producing countries. Ecological Economics, 60(1): 186-203.

Charron D F. 2012. Ecohealth Research in Practice. New York: Springer: 255-271.

Chen G W, Hadjikakou M, Wiedmann T. 2017. Urban carbon transformations: Unravelling spatial and inter-sectoral linkages for key city industries based on multi-region input-output analysis. Journal of Cleaner Production, 163: 224-240.

Chen Y C. 2016. Potential for energy recovery and greenhouse gas mitigation from municipal solid waste using a waste-to-material approach. Waste Management, 58: 408-414.

Chen Y C, Lo S L. 2016. Evaluation of greenhouse gas emissions for several municipal solid waste management strategies. Journal of Cleaner Production, 113: 606-612.

Chouchane H, Hoekstra A Y, Krol M S, et al. 2015. The water footprint of Tunisia from an economic perspective. Ecological Indicators, 52: 311-319.

Chu Y, Shen Y, Yuan Z. 2017. Water footprint of crop production for different crop structures in the Hebei southern plain, North China. Hydrology Earth System Sciences, 21(6): 3061-3069.

Churkina G. 2008. Modeling the carbon cycle of urban systems. Ecological Modelling, 216(2): 107-113.

Cleary J. 2014. A life cycle assessment of residential waste management and prevention. The International Journal of Life Cycle Assessment, 19(9): 1607-1622.

Cohen A J, Brauer M, Burnett R, et al. 2017. Estimates and 25-year trends of the global burden of disease attributable to ambient air pollution: An analysis of data from the Global Burden of Diseases Study 2015. The Lancet, 389(10082): 1907-1918.

Coi A, Minichilli F, Bustaffa E, et al. 2016. Risk perception and access to environmental information in four areas in Italy affected by natural or anthropogenic pollution. Environment International, 95: 8-15.

Collins B C , Kumral M. 2020. Game theory for analyzing and improving environmental management in the mining industry. Resources Policy, 69: 101860.

Colloff M J, Wise R M, Palomo I, et al. 2020. Nature's contribution to adaptation: Insights from examples of the transformation of social-ecological systems. Ecosystems and People, 16(1): 137-150.

Cook S. 2007. Putting health back in China's development. China Perspectives, 2007(3): 5-10.

Costanza R, D'Arge R, De Groot R, et al. 1997. The value of the world's ecosystem services and natural capital. Nature, 387(6630): 253-260.

Cucchiella F, D'Adamo I, Gastaldi M. 2013. A multi-objective optimization strategy for energy plants in Italy. Science of the Total Environment, 443: 955-964.

Cumming G S. 2014. Theoretical frameworks for the analysis of social-ecological systems. Social-ecological Systems in Transition, 3-24.

Dandy N, Van Der Wal R. 2011. Shared appreciation of woodland landscapes by land management professionals and lay people: An exploration through field-based interactive photo-elicitation. Landscape and Urban Planning, 102(1): 43-53.

Daniel T C. 2001. Whither scenic beauty? Visual landscape quality assessment in the 21st century.

Landscape and Urban Planning, 54(1-4): 267-281.
Dipasquale V, Cucinotta U, Romano C. 2020. Acute malnutrition in children: Pathophysiology, clinical effects and treatment. Nutrients, 12(8): 2413.
Dong Y, Ishikawa M, Liu X, et al. 2011. The determinants of citizen complaints on environmental pollution: An empirical study from China. Journal of Cleaner Production, 19(12): 1306-1314.
Dong Y H, An A K, Yan Y S, et al. 2017. Hong Kong's greenhouse gas emissions from the waste sector and its projected changes by integrated waste management facilities. Journal of Cleaner Production, 149: 690-700.
Druckman A, Jackson T. 2008. Household energy consumption in the UK: A highly geographically and socio-economically disaggregated model. Energy Policy, 36(8): 3177-3192.
Duan H, Zhou S, Jiang K, et al. 2021. Assessing China's efforts to pursue the 1.5℃warming limit. Science, 372(6540): 378-385.
Eckart E. 2016. From HDP to IHDP: Evolution of the International Human Dimensions of Global Environmental Change Programme(1996—2014). Berlin: Springer.
EEA, 2013. EMEP/CORINAIR Emission Inventory Guidebook Copenhagen: European Environment Agency.
Elliott S J, Cole D C, Krueger P, et al. 1999. The power of perception: Health risk attributed to air pollution in an urban industrial neighbourhood. Risk Analysis, 19: 621-634.
Emodi N V, Emodi C C, Murthy G P, et al. 2017. Energy policy for low carbon development in Nigeria: A LEAP model application. Renewable and Sustainable Energy Reviews, 68(1): 247-261.
Fang D L, Chen B. 2015. Ecological network analysis for a virtual water network. Environmental Science & Technology, 49(11): 6722-6730.
Fath B D, Scharler U M, Ulanowicz R E, et al. 2007. Ecological network analysis: Network construction. Ecological Modelling, 208(1): 49-55.
Fauziah C L, Nor Kalsum M I, Mohd Hairy I, et al. 2021. Low-carbon tourism approach as an alternative form for tourism development: A review for model development. Pertanika Journal of Social Sciences and Humanities, 29(4): 2431-2451.
Fischer J, Gardner T A, Bennett E M, et al. 2015. Advancing sustainability through mainstreaming a social-ecological systems perspective. Current Opinion in Environmental Sustainability, 14: 144-149.
Folke C. 2006. Resilience: The emergence of a perspective for social-ecological systems analysis. Global Environmental Change, 16(3): 253-267.
Folke C, Carpenter S R, Walker B, et al. 2010. Resilience thinking: Integrating resilience, adaptability and transformability. Ecology and Society, 15(4): 20.
Frank S, Fürst C, Koschke L, et al. 2013. Assessment of landscape aesthetics: Validation of a landscape metrics-based assessment by visual estimation of the scenic beauty. Ecological Indicators, 32: 222-231.
Friedrich E, Trois C. 2011. Quantification of greenhouse gas emissions from waste management processes for municipalities: A comparative review focusing on Africa. Waste Management, 31(7): 1585-1596.

Fu B, Wang S, Zhang J, et al. 2019. Unravelling the complexity in achieving the 17 sustainable-development goals. National Science Review, 6(3): 386-388.

Fu B, Zhang J, Wang S, et al. 2020. Classification-coordination-collaboration: A systems approach for advancing Sustainable Development Goals. National Science Review, 7(5): 838-840.

Gain A K, Giupponi C, Renaud F G, et al. 2020. Sustainability of complex social-ecological systems: Methods, tools, and approaches. Regional Environmental Change, 20(3): 1-4.

Geng Y, Fujita T, Park H, et al. 2016. Recent progress on innovative eco-industrial development. Journal of Cleaner Production, 114: 1-10.

Geng Y, Liu Y, Liu D, et al. 2011. Regional societal and ecosystem metabolism analysis in China: A multi-scale integrated analysis of societal metabolism(MSIASM) approach. Energy, 36: 4799-4808.

Geng Y, Zhang P, Ulgiati S, et al. 2010. Emergy analysis of an industrial park: The case of Dalian, China. Science of the Total Environment, 408(22): 5273-5283.

Gentil E, Christensen T H, Aoustin E. 2009. Greenhouse gas accounting and waste management. Waste Management of Research, 27(8): 696-706.

Ghisellini P, Cialani C, Ulgiati S. 2016. A review on circular economy: The expected transition to a balanced interplay of environmental and economic systems. Journal of Cleaner Production, 114: 11-32.

Gillingham S, Lee P C. 1999. The impact of wildlife-related benefits on the conservation attitudes of local people around the Selous Game Reserve, Tanzania. Environmental Conservation, 26(3): 218-228.

González A, Donnelly A, Jones M, et al. 2013. A decision-support system for sustainable urban metabolism in Europe. Environmental Impact Assessment Review, 38: 109-119.

Gonzalez D J, Francis C K, Shaw G M, et al. 2022. Upstream oil and gas production and ambient air pollution in California. Science of the Total Environment, 806: 150298.

Gössling S. 2000. Sustainable tourism development in developing countries: Some aspects of energy use. Journal of Sustainable Tourism, 8(5): 410-425.

Gottinger H W. 1998. Monitoring pollution accidents. European Journal of Operational Research, 104(1): 18-30.

Grayman W M , Males R M. 2002. Risk-based modeling of early warning systems for pollution accidents. Water Science and Technology, 46(3): 41-49.

Grimm N B, Faeth S H, Golubiewski N E, et al. 2008. Global change and the ecology of cities. Science, 319(5864): 756-760.

Grydehøj A, Kelman I. 2016. Island smart eco-cities: Innovation, secessionary enclaves, and the selling of sustainability. Urban Island Studies, 2: 1-24.

Guan D, Peters G P, Weber C L, et al. 2009. Journey to world top emitter: An analysis of the driving forces of China's recent CO_2 emissions surge. Geophysical Research Letters, 36(4): 1-5.

Guerrero A M, Bennett N J, Wilson K A, et al. 2018. Achieving the promise of integration in social-ecological research. Ecology and Society, 23(3): 38.

Gunawardena K R, Wells M J, Kershaw T. 2017. Utilising green and bluespace to mitigate urban

heat island intensity. Science of the Total Environment, 584: 1040-1055.
Haberl H, Erb K H, Krausmann F, et al. 2007. Quantifying and mapping the human appropriation of net primary production in earth's terrestrial ecosystems. Proceedings of the National Academy of Sciences, 104(31): 12942-12947.
Haberl H, Wiedenhofer D, Pauliuk S, et al. 2019. Contributions of sociometabolic research to sustainability science. Nature Sustainability, 2(3): 173-184.
Hall C A, Cleveland C J, Kaufmann R. 1986. Energy and Resource Quality: The Ecology of the Economic Process. New York: Wiley.
Han R, Feng C C, Xu N, et al. 2020. Spatial heterogeneous relationship between ecosystem services and human disturbances: A case study in Chuandong, China. Science of the Total Environment, 721: 137818.
Hawker L, Neal J, Bates P. 2019. Accuracy Assessment of the TanDEM-X 90 Digital Elevation Model for Selected Floodplain Sites. Remote Sensing of Environment, 232: 111319.
Hersperger A M, Bürgi M, Wende W, et al. 2020. Does landscape play a role in strategic spatial planning of European urban regions? Landscape and Urban Planning, 194: 103702.
Hillman T, Ramaswami A. 2010. Greenhouse gas emission footprints and energy use benchmarks for eight U.S. cities. Environmental Science & Technology. 44(6): 1902-1910.
Hoa N T, Matsuoka Y. 2017. The analysis of greenhouse gas emissions/reductions in waste sector in Vietnam. Mitigation and Adaptation Strategies for Global Change, 22(3): 427-446.
Hoekstra A Y. 2017. Water footprint assessment: Evolvement of a new research field. Water Resources Management, 31(10): 3061-3081.
Hoekstra A Y, Chapagain A K, Aldaya M M, et al. 2011. The Water Footprint Assessment Manual: Setting the Global Standard. London: Routledge.
Hoekstra A Y, Chapagain A K, Van Oel P R. 2019. Progress in water footprint assessment: Towards collective action in water governance. Water, 11(5): 1070.
Hoekstra A Y, Mekonnen M M. 2012. The water footprint of humanity. Proceedings of the National Academy of Sciences, 109(9): 3232-3237.
Holdaway J. 2010. Environment and health in China: An introduction to an emerging research field. Journal of Contemporary China, 19(63): 1-22.
Hoornweg D, Bhada-Tata P. 2012. What a Waste: A Global Review of Solid Waste Management. Washington D C: World Bank.
Hostetler M. 2021. Cues to care: Future directions for ecological landscapes. Urban Ecosystems, 24: 11-19.
Hu G, Ma X, Ji J. 2019. Scenarios and policies for sustainable urban energy development based on LEAP model-A case study of a postindustrial city: Shenzhen China. Applied Energy, 238: 876-886.
Huang Q, Liu Z, He C, et al. 2020. The occupation of cropland by global urban expansion from 1992 to 2016 and its implications. Environmental Research Letters, 15(8): 084037.
Huang S L, Lee C L, Chen C W. 2006. Socioeconomic metabolism in Taiwan: Emergy synthesis versus material analysis. Resources, Conservation and Recycling, 48(2): 166-196.
Hull V, Liu J. 2018. Telecoupling: A new frontier for global sustainability. Ecology & Society, 23(4): 41.

Ilieva R T, McPhearson T. 2018. Social-media data for urban sustainability. Nature Sustainability, 1(10): 553-565.

Ingrao C, Messineo A, Beltramo R, et al. 2018. How can life cycle thinking support sustainability of buildings? Investigating life cycle assessment applications for energy efficiency and environmental performance. Journal of Cleaner Production, 201: 556-569.

International Resource Panel(IRP). 2018. The Weight of Cities: Resource Requirements of Future Urbanization. Nairobi: United Nations Environment Programme.

IPCC. 1995. IPCC Second Assessment Report: Climate Change 1995. Cambridge: Cambridge University Press.

IPCC. 1996. Revised 1966 IPCC Guidelines for National Greenhouse Gas Inventories. Combridge: Cambridge University Press.

IPCC. 2006. IPCC Guidelines for National Greenhouse Gas Inventories 2006. Cambridge: Cambridge University Press.

IPCC. 2014. Climate Change 2014: Impacts, Adaptation and Vulnerability. Regional Aspects. Combridge: Cambridge University Press.

IPCC. 2021. Climate Change 2021: The Physical Science Basis. Combridge: Cambridge University Press.

IPCC. 2022. Climate Change 2022: Impacts, Adaptation, and Vulnerability. Cambridge: Cambridge University Press.

IPCC. 2023a. AR6 Synthesis Report: Climate Change 2023. Geneva: IPCC.

IPCC. 2023b. Summary for policymakers//Climate Change 2023: Synthesis Report. Geneva: IPCC: 1-34.

Islam K N. 2017. Greenhouse gas footprint and the carbon flow associated with different solid waste management strategy for urban metabolism in Bangladesh. Science of the Total Environment, 580: 755-769.

Itoiz E S, Gasol C M, Farreny R, et al. 2013. CO_2ZW: Carbon footprint tool for municipal solid waste management for policy options in Europe. Inventory of Mediterranean countries. Energy Policy, 56: 623-632.

Jiang M M, Zhou J B, Chen B, et al. 2008. Emergy-based ecological account for the Chinese economy in 2004. Communications in Nonlinear Science and Numerical Simulation, 13(10): 2337-2356.

Jones C M, Kammen D M. 2011. Quantifying carbon footprint reduction opportunities for U.S. households and communities. Environmental Science & Technology, 45: 4088-4095.

Joseph R, Gunaratne M D N. 2022. Optimization of waste collection and transportation in Ratmalana area in Sri Lanka. Proceedings of International Forestry and Environment Symposium, 26: 59-65.

Kang J D, Zhao T, Liu N, et al. 2014. A multi-sectoral decomposition analysis of city-level greenhouse gas emissions: Case study of Tianjin, China. Energy, 68: 562-571.

Kang N, Liu C. 2022. Towards landscape visual quality evaluation: methodologies, technologies, and recommendations. Ecological Indicators, 142: 109174.

Karandish F, Hoekstra A Y, Hogeboom R. 2020. Reducing food waste and changing cropping patterns to reduce water consumption and pollution in cereal production in Iran. Journal of

Hydrology, 586: 124881.
Kennedy C, Cuddihy J, Engel-Yan J. 2007. The changing metabolism of cities. Journal of Industrial Ecology, 11(2): 43-59.
Khan I, Hou F, Zakari A, et al. 2021. The dynamic links among energy transitions, energy consumption, and sustainable economic growth: A novel framework for IEA countries. Energy, 222: 119935.
Khanna N, Fridley D, Hong L X. 2014. China's pilot low-carbon city initiative: A comparative assessment of national goals and local plans. Sustainable Cities and Society, 12: 110-121.
Kılkış Ş. 2022. Urban emissions and land use efficiency scenarios towards effective climate mitigation in urban systems. Renewable and Sustainable Energy Reviews, 167: 112733.
Kim E J , Kang Y. 2019. Relationship among pollution concerns, attitudes toward social problems, and environmental perceptions in abandoned sites using Bayesian inferential analysis. Environmental Science and Pollution Research, 26(8): 8007-8018.
King P. 2019. Sixth Global Environment Outlook(GEO6): Outcome of United Nations Environment Assembly 4. New York: Institute for Global Environmental Strategies(IGES).
Klein L R. 2013. Quantifying Relationships between Ecology and Aesthetics in Agricultural Landscapes. Pullman: Washington State University.
Kothari R, Tyagi V V, Pathak A. 2010. Waste-to-energy: A way from renewable energy sources to sustainable development. Renewable and Sustainable Energy Reviews, 14(9): 3164-3170.
Kuai P, Zhang X, Zhang S, et al. 2022. Environmental awareness and household energy saving of Chinese residents: Unity of knowing and doing or easier said than done? Journal of Asian Economics, 82: 101534.
Kuhn T S. 1970. The Structure of Scientific Revolution. Chicago: University of Chicago Press.
Lahr J, Kooistra L. 2010. Environmental risk mapping of pollutants: State of the art and communication aspects. Science of the Total Environment, 408(18): 3899-3907.
Langlois J, Guilhaumon F, Bockel T, et al. 2021. An integrated approach to estimate aesthetic and ecological values of coralligenous reefs. Ecological Indicators, 129: 107935.
Lehmann S. 2013. Low-to-no carbon city: Lessons from western urban projects for the rapid transformation of Shanghai. Habitat International, 37: 61-69.
Lenzen M, Peters G M. 2010. How city dwellers affect their resource hinterland: A spatial impact study of Australian households. Journal of Industrial Ecology, 14(1): 73-90.
Lenzen M, Sun Y Y, Faturay F, et al. 2018. The carbon footprint of global tourism. Nature Climate Change, 8(6): 522-528.
Li D, Wang R S. 2009. Hybrid emergy-LCA based metabolic evaluation of urban residential areas: The case of Beijing, China. Ecological Complexity, 6: 484-493.
Li X, Lin T, Zhang G, et al. 2011. Dynamic analysis of urban spatial expansion and its determinants in Xiamen Island. Journal of Geographical Sciences, 21: 503-520.
Li Y, Shi L. 2015. The resilience of interdependent industrial symbiosis networks: A case of Yixing economic and technological development zone. Journal of Industrial Ecology, 19(2): 264-273.
Li Y, Wu H, Shen K, et al. 2020. Is environmental pressure distributed equally in China? Empirical evidence from provincial and industrial panel data analysis. Science of the Total

Environment, 718: 137363.

Li Y, Zhang Y, Yang N. 2010. Ecological network model analysis of China's endosomatic and exosomatic societal metabolism. Procedia Environmental Sciences, 2: 1400-1406.

Liao H, Deng Q, Wang Y, et al. 2018. An environmental benefits and costs assessment model for remanufacturing process under quality uncertainty. Journal of Cleaner Production, 178: 45-58.

Lin B, Jia Z. 2018. The energy, environmental and economic impacts of carbon tax rate and taxation industry: A CGE based study in China. Energy, 159: 558-568.

Lin J, Kang J, Khanna N, et al. 2018. Scenario analysis of urban GHG peak and mitigation co-benefits: A case study of Xiamen City, China. Journal of Cleaner Production, 171: 972-983.

Liu D, Yang D, Huang A. 2021. LEAP-based greenhouse gases emissions peak and low carbon pathways in China's tourist industry. International Journal of Environmental Research and Public Health, 18(3): 1218.

Liu G Y, Yang Z F, Chen B, et al. 2013. Modelling a thermodynamic-based comparative framework for urban sustainability: Incorporating economic and ecological losses into emergy analysis. Ecological Modelling, 252: 280-287.

Liu J. 2017. Integration across a metacoupled world. Ecology and Society, 22(4): 29.

Liu J. 2023. Leveraging the metacoupling framework for sustainability science and global sustainable development. National Science Review, 10: nwad090.

Liu J, Dietz T, Carpenter S R, et al. 2007. Complexity of coupled human and natural systems. Science, 317(5844): 1513-1516.

Liu J, Hull V, Godfray H C J, et al. 2018. Nexus approaches to global sustainable development. Nature Sustainability, 1(9): 466-476.

Liu J, Mooney H, Hull V, et al. 2015a. Systems integration for global sustainability. Science, 347(6225): 1258832.

Liu J, Wang R, Yang J. 2005. Metabolism and driving forces of Chinese urban household consumption. Population and Environment, 26: 325-341.

Liu J, Yang H, Gosling S N, et al. 2017a. Water scarcity assessments in the past, present, and future. Earth's Future, 5(6): 545-559.

Liu L, Zhang B, Bi J. 2012. Reforming China's multi-level environmental governance: Lessons from the 11th Five-Year Plan. Environmental Science & Policy, 21: 106-111.

Liu X, Huang Y, Xu X, et al. 2020. High-spatiotemporal-resolution mapping of global urban change from 1985 to 2015. Nature Sustainability, 3(7): 564-570.

Liu Y, Chen S, Jiang K, et al. 2022. The gaps and pathways to carbon neutrality for different type cities in China. Energy, 244: 1-11.

Liu Y, Ni Z, Kong X, et al. 2017b. Greenhouse gas emissions from municipal solid waste with a high organic fraction under different management scenarios. Journal of Cleaner Production, 147: 451-457.

Liu Z, Guan D, Moore S, et al. 2015b. Steps to China's carbon peak. Nature, 522: 279-281.

Lo K. 2014. China's low-carbon city initiatives: The implementation gap and the limits of the target responsibility system. Habitat International, 42: 236-244.

Long H, Zhang Y, Ma L, et al. 2021. Land use transitions: Progress, challenges and prospects. Land, 10(9): 903.

Lou B, Qiu Y, Ulgiati S. 2015. Emergy-based indicators of regional environmental sustainability: A case study in Shanwei, Guangdong, China. Ecological Indicators, 57: 514-524.

Lou B, Ulgiati S. 2013. Identifying the environmental support and constraints to the Chinese economic growth: An application of the Emergy Accounting method. Energy Policy, 55: 217-233.

Lu Y, Chen B, Feng K, et al. 2015. Ecological network analysis for carbon metabolism of eco-industrial parks: A case study of a typical eco-industrial park in Beijing. Environmental Science & Technology, 49(12): 7254-7264.

Lu Y, Zhang Y, Cao X, et al. 2019. Forty years of reform and opening up: China's progress toward a sustainable path. Science Advances, 5(8): eaau9413.

Lucertini G, Musco F. 2020. Circular urban metabolism framework. One Earth, 2(2): 138-142.

Lyons G, Mokhtarian P, Dijst M, et al. 2018. The dynamics of urban metabolism in the face of digitalization and changing lifestyles: Understanding and influencing our cities. Resources, Conservation and Recycling, 132: 246-257.

Ma T, Sun S, Fu G, et al. 2020a. Pollution exacerbates China's water scarcity and its regional inequality. Nature Communications, 11(1): 1-9.

Ma W, Opp C, Yang D. 2020b. Spatiotemporal supply-demand characteristics and economic benefits of crop water footprint in the semi-arid region. Science of the Total Environment, 738: 139502.

Magazzino C, Marcello F P. 2022. Assessing the relationship among waste generation, wealth, and GHG emissions in Switzerland: Some policy proposals for the optimization of the municipal solid waste in a circular economy perspective. Journal of Cleaner Production, 351: 131555.

Maranghi S, Parisi M L, Facchini A, et al. 2020. Integrating urban metabolism and life cycle assessment to analyse urban sustainability. Ecological Indicators, 112: 106074.

Marchi M, Pulselli F M, Mangiavacchi S, et al. 2017. The greenhouse gas inventory as a tool for planning integrated waste management systems: A case study in central Italy. Journal of Cleaner Production, 142: 351-359.

Masud M M, Kari F B. 2015. Community attitudes towards environmental conservation behaviour: An empirical investigation within MPAs, Malaysia. Marine Policy, 52: 138-144.

Matthews H S, Hendrickson C, Weber C. 2008. The importance of carbon footprint estimation boundaries. Environment Science & Technology, 42: 5389-5842.

Mavromatidis G, Orehounig K, Richner P, et al. 2016. A strategy for reducing CO_2 emissions from buildings with the Kaya identity: A Swiss energy system analysis and a case study. Energy Policy, 88: 343-354.

McGinnis M D, Ostrom E. 2014. Social-ecological system framework: Initial changes and continuing challenges. Ecology and Society, 19(2): 30.

Meng W, Xu L, Hu B, et al. 2016. Quantifying direct and indirect carbon dioxide emissions of the Chinese tourism industry. Journal of Cleaner Production, 126: 586-594.

Messner S, Schrattenholzer L. 2000. MESSAGE-MACRO: Linking an energy supply model with a macroeconomic module and solving it iteratively. Energy, 25(3): 267-282.

Mohareb E A, MacLean H L, Kennedy C A. 2011. Greenhouse gas emissions from waste management-assessment of quantification methods. Journal of the Air & Waste Management Association, 61(5): 480-493.

Moll H C, Noorman K J, Kok R, et al. 2005. Pursuing more sustainable consumption by analyzing household metabolism in European countries and cities. Journal of Industrial Ecology, 9(1-2): 259-275.

Moomaw W R. 1996. Industrial emissions of greenhouse gases. Energy Policy, 24(10-11): 951-968.

Moore D, Cranston G, Reed A, et al. 2012. Projecting future human demand on the earth's regenerative capacity. Ecological Indicators, 16: 3-10.

Narain V, Roth D. 2022. Water Security, Conflict and Cooperation in Peri-urban South Asia: Flows Across Boundaries. New York: Springer.

Ngnikam E, Tanawa E, Rousseaux P, et al. 2002. Evaluation of the potentialities to reduce greenhouse gases emissions resulting from various treatments of municipal solid wastes in moist tropical climates: Application to Yaounde. Waste Management Research, 20(6): 501-513.

Nguyen T K L, Ngo H H, Guo W, et al. 2021. Environmental impacts and greenhouse gas emissions assessment for energy recovery and material recycle of the wastewater treatment plant. Science of the Total Environment, 784: 147135.

Nieves J A, Aristizábal A J, Dyner I, et al. 2019. Energy demand and greenhouse gas emissions analysis in Colombia: A LEAP model application. Energy, 169: 380-397.

O'Brien K. 2012. Global environmental change II: From adaptation to deliberate transformation. Progress in Human Geography, 36(5): 667-676.

Odum H T. 1983. Systems Ecology: An Introduction. New York: John Wiley & Sons.

Odum H T. 1988. Self-organization, transformity, and information. Science, 242: 1132-1139.

Odum H T. 1996. Environmental Accounting: Emergy and Environmental Decision Making. New York: John Wiley & Sons.

Odum H T, Brown M T, Brandt-Williams S. 2000. Handbook of Emergy Evaluation. Gainesvile: University of Florida.

Ostrom E. 2009. A general framework for analyzing sustainability of social-ecological systems. Science, 325(5939): 419-422.

Ozawa A, Tsani T, Kudoh Y. 2022. Japan's pathways to achieve carbon neutrality by 2050: Scenario analysis using an energy modeling methodology. Renewable and Sustainable Energy Reviews, 169: 112943.

Pablos-Mendez A, Chunharas S, Lansang M A, et al. 2005. Knowledge translation in global health. Bulletin of the World Health Organization, 83: 723-723.

Pan N, Guan Q, Wang Q, et al. 2021. Spatial differentiation and driving mechanisms in ecosystem service value of Arid Region: A case study in the middle and lower reaches of Shule River Basin, NW China. Journal of Cleaner Production, 319: 128718.

Park H S, Behera S K. 2014. Methodological aspects of applying eco-efficiency indicators to industrial symbiosis networks. Journal of Cleaner Production, 64: 478-485.

Park Y S, Egilmez G, Kucukvar M. 2015. A novel life cycle-based principal component analysis framework for eco-efficiency analysis: Case of the United States manufacturing and transportation nexus. Journal of Cleaner Production, 92: 327-342.

Parkes M W, Morrison K E, Bunch M J, et al. 2010. Towards integrated governance for water, health and social-ecological systems: The watershed governance prism. Global Environmental Change, 20(4): 693-704.

Partelow S. 2018. A review of the social-ecological systems framework. Ecology and Society, 23(4): 36.

Paterson J H. 1983. Heartland and hinterland: A geography of Canada. The Geographical Journal, 149(3): 363-364.

Perc M, Szolnoki A. 2010. Coevolutionary games: A mini review. BioSystems, 99(2): 109-125.

Perc M, Gómez-Gardenes J, Szolnoki A, et al. 2013. Evolutionary dynamics of group interactions on structured populations: A review. Journal of the Royal Society Interface, 10(80): 20120997.

Perrotti D. 2020. Urban metabolism: Old challenges, new frontiers, and the research agenda ahead//Verma P, Singh P, Singh R, et al. Urban Ecology. New York: Elsevier: 17-32.

Pettit T J, Fiksel J, Croxton K L. 2010. Ensuring supply chain resilience: Development of a conceptual framework. Journal of Business Logistics, 31(1): 1-21.

Phdungsilp A. 2010. Integrated energy and carbon modeling with a decision support system: Policy scenarios for low-carbon city development in Bangkok. Energy Policy, 38(9): 4808-4817.

Pindyck R S. 2013. Climate change policy: What do the models tell us?. Journal of Economic Literature, 51(3): 860-872.

Pulselli R M, Simoncini E, Marchettini N. 2009. Energy and emergy based cost-benefit evaluation of building envelopes relative to geographical location and climate. Building and Environment, 44(5): 920-928.

Pulver S, Ulibarri N, Sobocinski K L, et al. 2018. Frontiers in socio-environmental research. Ecology and Society, 23(3): 23.

Qi Y, Stern N, He J K, et al. 2020. The policy-driven peak and reduction of China's carbon emissions. Advances in Climate Change Research, 11(2): 65-71.

Qian Y, Tian X, Geng Y, et al. 2019. Driving factors of agricultural virtual water trade between China and the belt and road countries. Environmental Science & Technology, 53(10): 5877-5886.

Qu T, Zhang Y, Liu R, et al. 2009. Social effect of environmental pollution on valley-cities in western China. Chinese Geographical Science, 19: 8-16.

Ramaswami A, Hillman T, Janson B, et al. 2008. A demand-centered, hybrid life-cycle methodology for city-scale greenhouse gas inventories. Environmental Science & Technology, 42(17): 6455-6461.

Rand D G, Dreber A, Ellingsen T, et al. 2009. Positive interactions promote public cooperation. Science, 325(5945): 1272-1275.

Renner A, Louie A H, Giampietro M. 2020. Cyborgization of modern social-economic systems: Accounting for changes in metabolic identity//International Conference on Complex Systems.

Berlin: Springer.

Reyers B, Folke C, Moore M L, et al. 2018. Social-ecological systems insights for navigating the dynamics of the Anthropocene. Annual Review of Environment and Resources, 43: 267-289.

Ritzer G. 1975. Professionalization, bureaucratization and rationalization: The views of Max Weber. Social Forces, 53(4): 627-634.

Robaina M, Moutinho V, Costa R. 2016. Change in energy-related CO_2(carbon dioxide) emissions in Portuguese tourism: A decomposition analysis from 2000 to 2008. Journal of Cleaner Production, 111: 520-528.

Robinson D T, Di Vittorio A, Alexander P, et al. 2018. Modelling feedbacks between human and natural processes in the land system. Earth System Dynamics, 9(2): 895-914.

Rockström J, Steffen W, Noone K, et al. 2009. A safe operating space for humanity. Nature, 461(7263): 472-475.

Roser M, Ritchie H, Ortiz-Ospina E. 2013. World Population Growth. Our world in data.https://ourworldindata.org/population-growth.[2014-05-01].

Sachs J D. 2004. Sustainable development. Science, 304(5671): 649-649.

Saha A. 2022. Sustaining multicultural places from gentrified homogenisation of cities. Cities, 120: 103433.

Seadon J K. 2010. Sustainable waste management systems. Journal of Cleaner Production, 18(16): 1639-1651.

Seto K C, Reenberg A, Boone C G, et al. 2012. Urban land teleconnections and sustainability. Proceedings of the National Academy of Science, 109(20): 7687-7692.

Shabbir R, Ahmad S S. 2010. Monitoring urban transport air pollution and energy demand in Rawalpindi and Islamabad using LEAP model. Energy, 35: 2323-2332.

Shan Y, Guan D, Hubacek K, et al. 2018. City-level climate change mitigation in China. Science Advances, 4(6): eaaq0390.

Sharp H, Grundius J, Heinonen J. 2016. Carbon footprint of inbound tourism to Iceland: A consumption-based life-cycle assessment including direct and indirect emissions. Sustainability, 8(11): 1147.

Shi S, Wong S K, Zheng C. 2022. Network capital and urban development: An inter-urban capital flow network analysis. Regional Studies, 56(3): 406-419.

Singh A, Unnikrishnan S, Naik M, et al. 2019. CDM implementation towards reduction of fugitive greenhouse gas emissions. Environment, Development and Sustainability, 21: 569-586.

Song J, Yin Y, Xu H, et al. 2020. Drivers of domestic grain virtual water flow: A study for China. Agricultural Water Management, 239: 106175.

Song L. 2008. The Development of Risk Communication in Emergency River Pollution Accidents in China. Master of Science Thesis. Stockholm: Royal Institute of Technology.

Stahel W R. 2016. The circular economy. Nature, 531(7595): 435-438.

Steffen W, Richardson K, Rockström J, et al. 2015. Planetary boundaries: Guiding human development on a changing planet. Science, 347(6223): 1259855.

Stern N. 2013. The structure of economic modeling of the potential impacts of climate change: Grafting gross underestimation of risk onto already narrow science models. Journal of

Economic Literature, 51, (3): 838-859.

Su K, Wei D Z, Lin W X. 2020. Influencing factors and spatial patterns of energy-related carbon emissions at the city-scale in Fujian Province, southeastern China. Journal of Cleaner Production, 244: 118840.

Su M R, Fath B D, Yang Z F, et al. 2013. Ecosystem health pattern analysis of urban clusters based on emergy synthesis: Results and implication for management. Energy Policy, 59: 600-613.

Sun S, Wu P, Wang Y, et al. 2013. The impacts of interannual climate variability and agricultural inputs on water footprint of crop production in an irrigation district of China. Science of the Total Environment, 444: 498-507.

Takshe A A, Huby M, Frantzi S, et al. 2010. Dealing with pollution from conflict: Analysis of discourses around the 2006 Lebanon oil spill. Journal of Environmental Management, 91(4): 887-896.

Talukdar S, Singha P, Mahato S, et al. 2020. Dynamics of ecosystem services(ESs) in response to land use land cover(LU/LC) changes in the lower Gangetic plain of India. Ecological Indicators, 112: 106121.

Tang C, Zhong L, Ng P. 2017. Factors that influence the tourism industry's carbon emissions: A tourism area life cycle model perspective. Energy Policy, 109: 704-718.

Tang L, Zhao Y, Yin K, et al. 2013. Xiamen. Cities, 31: 615-624.

Tang M, Ge S. 2018. Accounting for carbon emissions associated with tourism-related consumption. Tourism Economics, 24(5): 510-525.

Tang M, Hong J, Guo S, et al. 2021. A bibliometric review of urban energy metabolism: Evolutionary trends and the application of network analytical methods. Journal of Cleaner Production, 279: 123403.

Termorshuizen J W, Opdam P. 2009. Landscape services as a bridge between landscape ecology and sustainable development. Landscape Ecology, 24(8): 1037-1052.

Thongdejsri M, Nitisoravut R, Sangsnit N, et al. 2016. A pilot project for promoting low carbon tourism in designated areas of Thailand. Zurich: International Academic Research Conference on Marketing & Tourism.

Tilt B, Xiao Q. 2010. Media coverage of environmental pollution in the People's Republic of China: Responsibility, cover-up and state control. Media, Culture & Society, 32(2): 225-245.

Tribot A S, Deter J, Mouquet N. 2018. Integrating the aesthetic value of landscapes and biological diversity. Proceedings of the Royal Society B: Biological Sciences, 285(1886): 20180971.

Tukker A, Bulavskaya T, Giljum S, et al. 2016. Environmental and resource footprints in a global context: Europe's structural deficit in resource endowments. Global Environmental Change, 40: 171-181.

UN-Habitat. 2016. World Cities Report 2016: Urbanization and Development, Emerging Futures. Nairobi: United Nations Human Settlements Programme.

UNDP. 2022. Human Development Report 2021-22: Uncertain Times, Unsettled Lives: Shaping our Future in a Transforming World. New York: United Nations Development Programme.

UNPD. 2006. World Population Prospects: The 2006 Revision. New York: UN Population Division.

Van Broekhoven S, Vernay A L. 2018. Integrating functions for a sustainable urban system: A review of multifunctional land use and circular urban metabolism. Sustainability, 10(6): 1875.

Van der Hulst M K, Ottenbros A B, van der Drift B, et al. 2022. Greenhouse gas benefits from direct chemical recycling of mixed plastic waste. Resources, Conservation and Recycling, 186: 106582.

Van Rooij B. 2010. The people vs. pollution: Understanding citizen action against pollution in China. Journal of Contemporary China, 19(63): 55-77.

VanLeeuwen J A, Waltner-Toews D, Abernathy T, et al. 1999. Evolving models of human health toward an ecosystem context. Ecosystem Health, 5(3): 204-219.

Veinberga M, Skujane D, Rivza P. 2019. The impact of landscape aesthetic and ecological qualities on public preference of planting types in urban green spaces. Landscape Architecture and Art, 14: 7-17.

Vergara S E, Damgaard A, Horvath A. 2011. Boundaries matter: Greenhouse gas emission reductions from alternative waste treatment strategies for California's municipal solid waste. Resource, Conservation and Recycling, 57: 87-97.

Vermaat J E, Dunne J A, Gilbert A J. 2009. Major dimensions in food-web structure properties. Ecology, 90(1): 278-282.

Vogel R M, Lall U, Cai X, et al. 2015. Hydrology: The interdisciplinary science of water. Water Resources Research, 51(6): 4409-4430.

Von Haaren C. 2004. Landschaftsplanung. Stattgart: Eugen GmbH & Co.

Vörösmarty C J, McIntyre P B, Gessner M O, et al. 2010. Global threats to human water security and river biodiversity. Nature, 467(7315): 555-561.

Wakefield S E, Elliott S J, Eyles J D, et al. 2006. Taking environmental action: The role of local composition, context, and collective. Environmental Management, 37: 40-53.

Walker B, Holling C S, Carpenter S R, et al. 2004. Resilience, adaptability and transformability in social-ecological systems. Ecology and Society, 9(2): 5.

Wang J, Li Y, Zhang Y. 2022. Research on carbon emissions of road traffic in Chengdu city based on a LEAP model. Sustainability, 14(9): 5625.

Wang J, Li Z, Tam V W. 2015. Identifying best design strategies for construction waste minimization. Journal of Cleaner Production, 92: 237-247.

Wang P, Wu W H, Zhu B Z, et al. 2013. Examining the impact factors of energy-related CO_2 emissions using the STIRPAT model in Guangdong Province. Applied Energy, 106: 65-71.

Wang X, Zhang Y, Zhang J, et al. 2021. Progress in urban metabolism research and hotspot analysis based on CiteSpace analysis. Journal of Cleaner Production, 281: 125224.

Wang Y, Shi M J. 2009. CO_2 emission induced by urban household consumption in China. Chinese Journal of Population Resources and Environment, 7(3): 11-19.

Wang Z, Zhang L, Ding X, et al. 2019. Virtual water flow pattern of grain trade and its benefits in China. Journal of Cleaner Production, 223: 445-55.

Wei J, Xia L, Chen L, et al. 2022. A network-based framework for characterizing urban carbon metabolism associated with land use changes: A case of Beijing city, China. Journal of Cleaner Production, 371: 133695.

Wei Y, Tang D, Ding Y, et al. 2016. Incorporating water consumption into crop water footprint: A case study of China's South-North Water Diversion Project. Science of the Total Environment, 545: 601-608.

Wen Z G, Meng F X, Chen M. 2014. Estimates of the potential for energy conservation and CO_2 emissions mitigation based on Asian-Pacific integrated model(AIM): The case of the iron and steel industry in China. Journal of Cleaner Production, 65: 120-130.

Wiedmann T. 2009. A review of recent multi-region input-output models used for consumption-based emission and resource accounting. Ecological Economics, 69: 211-222.

Wiedmann T O, Schandl H, Lenzen M, et al. 2015. The material footprint of nations. Proceedings of the National Academy of Sciences, 112(20): 6271-6276.

Wiesmeth H. 2020. Stakeholder engagement for environmental innovations. Journal of Business Research, 119: 310-320.

William C C. 2007. Sustainability science: a room of its own. Proceedings of National Academy of Sciences, 104(6): 1737-1738.

Wolman A. 1965. The metabolism of cities. Scientific American, 213(3): 178-193.

Wu J. 2014. Urban ecology and sustainability: The state-of-the-science and future directions. Landscape and Urban Planning, 125: 209-221.

Wu P, Han Y, Tian M. 2015. The measurement and comparative study of carbon dioxide emissions from tourism in typical provinces in China. Acta Ecologica Sinica, 35(6): 184-190.

Wu T, Fu F, Wang L. 2009. Individual's expulsion to nasty environment promotes cooperation in public goods games. Europhysics Letters, 88(3): 30011.

Wu X, Fu B, Wang S, et al. 2022. Decoupling of SDGs followed by re-coupling as sustainable development progresses. Nature Sustainability, 5(5): 452-459.

WWF. 2010. Living Planet Report 2010: Biodiversity, Biocapacity and Development. Gland: World Wildlife Fund.

Xia C, Li Y, Xu T, et al. 2019. Analyzing spatial patterns of urban carbon metabolism and its response to change of urban size: A case of the Yangtze River Delta, China. Ecological Indicators, 104: 615-625.

Xia C Y, Meloni S, Moreno Y. 2012. Effects of environment knowledge on agglomeration and cooperation in spatial public goods games. Advances in Complex Systems, 15(1): 1250056.

Xiao H, Xu Z, Ren J, et al. 2020. Navigating Chinese cities to achieve sustainable development goals by 2030. The Innovation, 3(5): 100288.

Xu Z, Chau S N, Chen X, et al. 2020. Assessing progress towards sustainable development over space and time. Nature, 577(7788): 74-78.

Yang D, Cai J, Hull V, et al. 2016. New road for telecoupling global prosperity and ecological sustainability. Ecosystem Health and Sustainability, 2(10): 1-6.

Yang D, Gao L, Xiao L, et al. 2012. Cross-boundary environmental effects of urban household metabolism based on an urban spatial conceptual framework: A comparative case of Xiamen. Journal of Cleaner Production, 27: 1-10.

Yang D, Kao W T M, Huang N, et al. 2014a. Process-based environmental communication and conflict mitigation during sudden pollution accidents. Journal of Cleaner Production, 66: 1-9.

Yang D, Kao W T M, Zhang G, et al. 2014b. Evaluating spatiotemporal differences and sustainability of Xiamen urban metabolism using emergy synthesis. Ecological Modelling, 272: 40-48.

Yang D, Lin Y J, Gao L J, et al. 2013. Process-based investigation of environmental pressure from urban household consumption for cross-boundary management. Energy Policy, 55: 626-635.

Yang D, Liu B, Ma W, et al. 2017. Sectoral energy-carbon nexus and low-carbon policy alternatives: A case study of Ningbo, China. Journal of Cleaner Production, 156: 480-490.

Yang D, Liu D, Huang A, et al. 2021a. Critical transformation pathways and socio-environmental benefits of energy substitution using a LEAP scenario modeling. Renewable and Sustainable Energy Reviews, 135: 110116.

Yang D, Luo T, Lin T, et al. 2014c. Combining aesthetic with ecological values for landscape sustainability. PLOS ONE, 9(7): e102437.

Yang D, Xu L, Gao X, et al. 2018. Inventories and reduction scenarios of urban waste-related greenhouse gas emissions for management potential. Science of the Total Environment, 626: 727-736.

Yang G, Yu Z, Zhang J, et al. 2021b. From preference to landscape sustainability: A bibliometric review of landscape preference research from 1968 to 2019. Ecosystem Health and Sustainability, 7(1): 1948355.

Yang Y. 2015. Implementation strategies of low-carbon tourism. The Open Cybernetics & Systemics Journal, 9(1): 2003-2007.

Yap H Y, Nixon J D. 2015. A multi-criteria analysis of options for energy recovery from municipal solid waste in India and the UK. Waste Management, 46: 265-277.

Yu B, Wei Y M, Gomi K, et al. 2018. Future scenarios for energy consumption and carbon emissions due to demographic transitions in Chinese households. Nature Energy, 3(2): 109-118.

Yu H, Pan S Y, Tang B J, et al. 2015. Urban energy consumption and CO_2 emissions in Beijing: current and future. Energy Efficiency, 8: 527-543.

Yu S Y, Li W J, Zhou L, et al. 2023. Human disturbances dominated the unprecedentedly high frequency of Yellow River flood over the last millennium. Science Advances, 9(8): eadf8576.

Yu X, Liu Y, Zhang Z, et al. 2022. Urban spatial structure features in Qinling mountain area based on ecological network analysis-case study of Shangluo City. Alexandria Engineering Journal, 61(12): 12829-12845.

Yuan J, Lu Y, Wang C, et al. 2020. Ecology of industrial pollution in China. Ecosystem Health and Sustainability, 6(1): 1779010.

Zaman A U. 2014. Identification of key assessment indicators of the zero waste management systems. Ecological Indicators, 36: 682-693.

Zeng Z, Liu J, Koeneman P, et al. 2012. Assessing water footprint at river basin level: A case study for the Heihe River Basin in northwest China. Hydrology Earth System Sciences, 16(8): 2771-81.

Zhang B, Qin Y, Huang M, et al. 2011a. SD-GIS-based temporal-spatial simulation of water quality in sudden water pollution accidents. Computers & Geosciences, 37(7): 874-882.

Zhang C, Chen X, Li Y, et al. 2018. Water-energy-food nexus: Concepts, questions and methodologies. Journal of Cleaner Production, 195: 625-639.

Zhang Q, Xu H. 2020. Understanding aesthetic experiences in nature-based tourism: The important role of tourists' literary associations. Journal of Destination Marketing & Management, 16: 100429.

Zhang X J, Chen C, Lin P F, et al. 2011b. Emergency drinking water treatment during source water pollution accidents in China: Origin analysis, framework and technologies. Environmental Science & Technology, 45(1): 161-167.

Zhang Y. 2013. Urban metabolism: a review of research methodologies. Environmental Pollution, 178: 463-473.

Zhang Y, Yang Z, Yu X. 2009. Evaluation of urban metabolism based on emergy synthesis: A case study for Beijing(China). Ecological Modelling, 220: 1690-1696.

Zhang Y, Yang Z, Yu X. 2015a. Urban metabolism: a review of current knowledge and directions for future study. Environmental Science & Technology, 49(19): 11247-11263.

Zhang Y, Zheng H, Chen B, et al. 2015b. A review of industrial symbiosis research: Theory and methodology. Frontiers of Earth Science, 9(1): 91-104.

Zhao H, Piccone T. 2020. Large scale constructed wetlands for phosphorus removal, an effective nonpoint source pollution treatment technology. Ecological Engineering, 145: 105711.

Zhao J, Luo P, Wang R, et al. 2013. Correlations between aesthetic preferences of river and landscape characters. Journal of Environmental Engineering and Landscape Management, 21(2): 123-132.

Zheng H, Fath B D, Zhang Y. 2017. An urban metabolism and carbon footprint analysis of the Jing-Jin-Ji regional agglomeration. Journal of Industrial Ecology, 21(1): 166-179.

Zhou M, Wang H, Zeng X, et al. 2019. Mortality, morbidity, and risk factors in China and its provinces, 1990—2017: A systematic analysis for the global burden of disease study 2017. The Lancet, 394(10204): 1145-1158.

Zhou Y, Hao F, Meng W, et al. 2014. Scenario analysis of energy-based low-carbon development in China. Journal of Environmental Sciences, 26(8): 1631-1640.

Zhu J, Fan C, Shi H, et al. 2019. Efforts for a circular economy in China: A comprehensive review of policies. Journal of Industrial Ecology, 23(1): 110-118.

Zhu X, Gao W, Zhou N, et al. 2016. The inhabited environment, infrastructure development and advanced urbanization in China's Yangtze River Delta Region. Environmental Research Letters, 11(12): 124020.

Zhu Y G, Wang L, Wang Z J, et al. 2007. China steps up its efforts in research and development to combat environmental pollution. Environmental Pollution, 147(2): 301-302.

Zotos G, Karagiannidis A, Zampetoglou S, et al. 2009. Developing a holistic strategy for integrated waste management within municipal planning: challenges, policies, solutions and perspectives for Hellenic municipalities in the zero-waste, low-cost direction. Waste Management, 29(5): 1686-1692.

Zou X, Wang R, Hu G, et al. 2022. CO_2 Emissions forecast and emissions peak analysis in Shanxi Province, China: An application of the LEAP model. Sustainability, 14(2): 647.

附　　录

主要缩略词索引表

中文名	英文名	缩写
	专业术语	
城市空间概念框架	urban spatial conception framework	USCF
城市拓展区	urban sprawl region	USR
城市足迹区	urban footprint regions	UFRs
二氧化碳当量	CO_2 equivalent	CO_{2e}
范式	paradigm	
国家自主贡献	nationally determined contributions	NDCs
国内生产总值	gross domestic product	GDP
基于自然的解决方案	nature-based solution	NBS
流空间	space of flows	
清洁发展机制	clean development mechanism	CDM
人与自然全程耦合系统框架	metacoupled human-natural systems: framework	MHNSF
社会–生态系统	social-ecological system	SES
温室气体	greenhouse gases	GHGs
水足迹	water footprint	WF
	理论、模型和方法	
智能体模型	agent-based modeling	ABM
可计算一般均衡模型	computable general equilibrium	CGE
可拓展的随机性环境影响评估模型	stochastic impacts by regression on population, affluence, and technology	STIRPAT
能值分析方法	emergy analysis	EMA
生命周期评估法	life cycle assessment	LCA
生态足迹法	ecological footprint	EF
碳足迹方法	carbon footprint analysis	CFA
投入产出模型	input-output model	IO
物质流分析方法	material flow analysis	MFA
系统动力学模型	system dynamics model	SD

续表

中文名	英文名	缩写
长期能源替代规划系统模型	原名：long-range energy alternatives planning system 现名：low emissions analysis platform	LEAP
综合评估模型	integrated assessment model	IAM
	国际组织和研究计划	
地球系统科学联盟	Earth System Science Partnership	ESSP
联合国 2030 可持续发展目标	Sustainable Development Goals	SDGs
联合国千年目标	Millennium Development Goals	MDGs
联合国粮食及农业组织	Food and Agriculture Organization of the United Nations	FAO
国际能源署	International Energy Agency	IEA
国际全球环境变化人文因素计划	International Human Dimensions Programme on Global Environmental Change	IHDP
未来地球计划	Future Earth	FE
联合国政府间气候变化专门委员会	Intergovernmental Panel on Climate Change	IPCC
耦合人类自然系统研究计划	Coupled Human and Natural Systems	CHNS